塔桅结构
设计误区与提示

概念　实践　经验

乐俊旺　编著

中国建筑工业出版社

图书在版编目（CIP）数据

塔桅结构设计误区与提示/乐俊旺编著.—北京：中国
建筑工业出版社，2017.7
ISBN 978-7-112-20788-6

Ⅰ.①塔…　Ⅱ.①乐…　Ⅲ.①塔—桅杆—结构设计
Ⅳ.①TU761.3

中国版本图书馆 CIP 数据核字（2017）第 114355 号

本书针对塔桅结构设计中经常遇到却容易产生误解的一些问题，采用讲解和
提示的方式，明确概念，识别误区，借鉴实践，总结经验。内容包括荷载、计算、
构造、结构、紧固件和其他。有的还附有案例和计算图表。

本书可供塔桅结构工程设计、施工图审查、监理、检测和研究人员等参考。

责任编辑：赵梦梅　郭　栋
责任校对：李美娜　焦　乐

塔桅结构设计误区与提示

乐俊旺　编著

*

中国建筑工业出版社出版、发行（北京海淀三里河路 9 号）

各地新华书店、建筑书店经销

北京锋尚制版有限公司制版

北京京华铭诚工贸有限公司印刷

*

开本：787×960 毫米　1/16　印张：13　字数：218 千字

2018 年 1 月第一版　　2018 年 1 月第一次印刷

定价：30.00 元

ISBN 978-7-112-20788-6

（30452）

版权所有　翻印必究

如有印装质量问题，可寄本社退换

（邮政编码 100037）

前　言

塔桅结构广泛用于广播电视、微波通信、输电线路、气象监测、石油化工、兵器工业以及导航标志等各个领域。随着国民经济的发展，现代塔桅结构，不仅功能越来越多，而且高度越来越高，规模越来越大。集发射广播电视和多功能的 600m 高的广州塔和 365m 高的深圳气象桅杆，分别于 2010 年和 2016 年相继建立。通信塔更是每年数以万计的耸立在祖国大地上。从事塔桅结构专业的设计人员，多来自工民建专业，在学校里，还没有开设塔桅专业的课程，而从事这一行业的，包括设计、制造、施工、安装、监理、检测和维护等队伍越来越庞大，仅生产厂家就达三百多家。专业人员的专业知识跟不上事业发展的需求，工程事故时有所闻。

笔者从事塔桅结构专业设计和技术研究工作 50 年，在实践中有所体会，在学术交流、讲课培训、工程评审、事故处理以及竣工验收等过程中，发现一些问题，针对有关问题做过咨询和参加过研讨。在此应同行们的建议，以解答问题和提示的方式以及相应的案例，汇辑了这本手册，明确概念，识别误区，借鉴实践，总结经验。

本书由国家铁塔工程安全质量监督检验中心夏大桥主任审阅，在此表示感谢。

由于笔者水平有限，谬误之处，谨望同仁指正。

目　录

第1章　荷载

第2章　计算

第 3 章　构造

第 4 章 结构

第5章　紧固件

第6章　其他

附录

参考文献

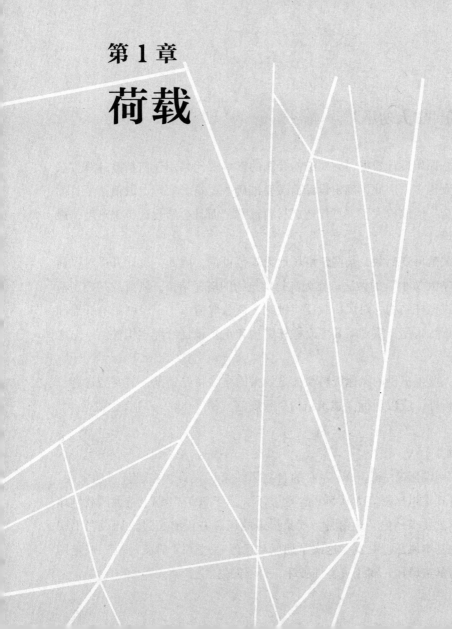

塔桅结构
设计误区与提示

概念　实践　经验

第 1 章

荷载

1. 荷载取值"宁大勿小"

设计荷载是原始设计数据，它对结构计算的影响要比采用任何精确计算方法所产生的误差大得多。因此，确定设计荷载要准确，要符合实际，取值小了，固然影响结构安全；但取值大了，不仅造成材料浪费，而且会给设计带来难度，最终导致不合理设计。

由于风荷载是可变荷载，某些建塔场地无规范可循，因此，设计人员对风荷载取值采取"宁大勿小"的做法。作为高耸构筑物的塔桅结构，风荷载是控制荷载，尤其拉线式桅杆结构，对风荷载反应敏感，荷载取值大了，轻则影响纤绳和零构件规格的正常采用，重则需要更改桅杆结构和重新设计纤绳零构件。一念之差，更新换代。

应该注意，业主提供的风速资料往往是偏大的，除特殊情况，需要经过调查研究、对比分析外，应以现行《建筑结构荷载规范》GB 50009—2012 为依据。

【案例 1】

河南淮阳有一座 60m 左右的自立塔，某厂设计，在设计说明书中，有意将基本风压提高为 0.5kPa。建立不久，于 2007 年遇上特大风载倒塌了。业主要求赔偿，理由是，气象报道的风载并没有超过设计说明书中提供的基本风压。其实，这次罕遇风载已经超过了"荷载规范"规定的当地的基本风压，属于灾害性破坏，得不偿失。

2. 以基本风压的重现期当作塔桅构筑物的使用期限

基本风压的重现期，是根据历年的风速资料数据，经数理统计分析确定的。现行《建筑结构荷载规范》GB 50009—2012 确定的 50 年一遇的风压，只是说明平均 50 年有可能出现一次的风压，或者说平均每年有 1/50 的出现概率，也就是说每年不出现 50 年一遇大风的保证率为 98%，并未说明构筑物的使用期限为 50 年。风荷载虽然是塔桅结构的控制荷载，但荷载效应并非是塔桅构筑物使用期限的唯一因素，还受材料性能、制作质量、安装精度、防腐措施、基础施工、使用维护以及计算模型等随机因素的影响。因此，塔桅构筑物的使用期限（俗称寿命）只能用概率来描述，即在规定的时间内，在规定的条件下，完成预定功能的概率（可靠概率），采用以概率理论为基础的极限状态设计方法分析确定。现行国内外标准都采用可靠指标 β 代替失效概率来度量。虽然《建筑结构可靠度设计统一标准》GB 50068—2001 规定的设计基准期也取 50 年，但两者的含义是不同的。

3. 挑选 50 年中的最大风速作为重现期 50 年一遇的最大风速

在荷载规范中，重现期为 50 年一遇的最大风速，是根据气象站、台历年的最大风速记录、风仪高度和时次、时距换算为离地 10m 高、自记 10min 平均年最大风速（m/s），经过数理统计、分析而确定的 50 年的最大风速，挑选出来的 50 年中的最大风速，不一定代表 50 年一遇的最大风速。

4. 直接取山顶或山坡风速作为山上设计风速

山顶和山坡风速比山麓大是符合风速随高度递增规律的，然而有些气象站台，尤其在 20 世纪 80 年代以前，风速记录一般是用风速板观测的，测得的风速

>40m/s 屡见不鲜,这是由于风速板是根据气流为水平状态条件下设计的,而气流上升越过山峰时的爬坡抬升作用,瞬时的惯性力很可能使风速板越过水平线 40m/s 的标记。即使取低限 40m/s 为基本设计风速,山顶的基本风压也要达到 1.0kN/m²。这种情况,还是以山麓附近的基本风压,按高度变化规律取值为宜。

5. 以山谷风速推算山上的设计风压

对于与风向一致的峡谷口,山高大于 3/2 谷宽,且上风向在山高 10 倍远的地域没有屏障,那么由于气流的狭管效应使风速增大;或者在冬季,由于强大的冷空气（高山雪风）,越过山脊后,从背阳面下沉到地面,使风速增大,都会造成山下建筑物灾害性破坏,如果以此推算山上的设计风压,就会大于实际值。这种情况,宜将山谷风压乘以 0.75 后,再按高度变化系数推算山上设计风压。

【案例 1】

20 世纪 70 年代,在福建泉州清源山上（相对高度 480m）,建造一座广播电视发射塔,当地气象部门提供的,山上风速>40m/s。但又获悉,在一次大风中,山下建筑遭受破坏,而山上却无损失。

根据以上资料,设计风压究竟取多大,才能保证构筑物的安全,又不致浪费材料?为此,进行了实地考察和对比分析。

鉴于山上的主导风向为东北风,而来流方向有起伏绵延的小丘陵,增加了地面的粗糙度,于是按当时的《工业与民用建筑结构荷载规范》TJ 9-74,先取山下基本风压,然后,将高度变化系数 K_z 降低 20% 采用,即

$$w = 65 \times 2.8 \times 0.8 = 145.6 \text{kg/m}^2 \text{（均按当时标准）}$$

最后,取山上设计风压:$w = 150 \text{kg/m}^2$,不再考虑高度变化。

该工程经 30 多年的运行实践,安然无恙。以后在山上扩建等,就一直沿用了这个风压值。

6. 风仪高度、重现期和时距的换算

对于气象站、台提供的风速资料，凡是自记最大风速，一定是 10min 平均年最大风速，自记极大风速一定是瞬时风速；凡是定时最大风速，不论其观测次数多少，都是 2min 平均风速；凡是非定时的极大风速，也都是瞬时风速。不是 10min 平均年最大风速的都得进行换算。自记瞬时风速与 10min 平均最大风速之比值约为 1.5，在山坡上利用风速板测得的瞬时风速尚要乘上 0.9 的系数。以风荷载控制的塔桅结构，根据结构的重要性，应考虑适当提高其重现期。表 1-1～表 1-3 分别为不同风仪高度、不同重现期和不同时距与《建筑结构荷载规范》的相应规定之间的换算系数和比值。

不同风仪高度与 10m 风仪高度换算系数　　　　　　表　1-1

风仪高度（m）	5	6	7	8	9	10	11	12	13	14	15	20
换算系数	1.14	1.11	1.07	1.04	1.02	1.0	0.98	0.97	0.96	0.95	0.94	0.89

不同重现期与 50 年重现期的风压比值　　　　　　表　1-2

重现期（年）	5	10	15	20	30	40	50	60	100
μ_r	0.66	0.77	0.82	0.87	0.93	0.97	1.0	1.03	1.10

不同时距与 10min 时距风速的平均比值　　　　　　表　1-3

时距	1h	10min	5min	2min	1min	30s	20s	10s	5s	瞬时
统计比值	0.94	1.0	1.07	1.16	1.20	1.26	1.28	1.35	1.39	1.50

7. 塔桅结构遇 8 级大风需要检查与设计风压不符

风力等级、风速与风压　　　　　　表　1-4

蒲福风力等级	名　称	距地 10m 高处相当风速（m/s）	距地 10m 高处相当风压（kN/m²）
8	大风	17.2~20.7	0.185~0.268

蒲福风力等级	名　称	距地 10m 高处相当风速 （m/s）	距地 10m 高处相当风压 （kN/m²）
9	烈风	20.8~24.4	0.270~0.372
10	狂风	24.5~28.4	0.375~0.504
11	暴风	28.5~32.6	0.508~0.664
12	台风（飓风）	32.7~36.9	0.668~0.851
13	—	37.0~41.4	0.856~1.071
14	—	41.5~46.1	1.076~1.328
15	—	46.2~50.9	1.334~1.619
16	—	51.0~56.0	1.626~1.960

表 1-4 为"蒲福风力等级"8~16 级的相应风速和风压。

现行荷载规范所列的我国各城市 50 年一遇的风压范围为 $0.30~1.85kN/m^2$；《高耸结构设计规范》GB 50135 和《钢塔桅结构设计规范》GY 5001 强制规定，基本风压取值不得小于 $0.35kN/m^2$，均在表 1-4 所列的"蒲福风力等级"9 级和 9 级以上。因此，塔桅结构设计要求每遇 8 级大风必须上塔检查就不尽合理。严格来说，应按设计风压的相应风力等级确定。

8. 覆冰荷载

在电力行业中，裹冰称为覆冰，《高耸结构设计规范》GB 50135—2006 包括电力行业，就改称覆冰荷载。

大气中因不同的降水方式形成三种覆冰：雾凇、雨凇和混合凇。

雾凇形成气温约为 -8℃，风速约为 3~8m/s，重度约为 $2~5kN/m^3$，比较脆弱，易被气流扰动或结构颤动脱落。

雨凇形成气温约为 0~8℃，风速约为 10~20m/s，最高达 25m/s，重度一般为 $9kN/m^3$，对结构附着性能强，是最不利的结构裹冰，也是结构设计应考虑的覆冰荷载。

混合凇由融雪或霜雾在气温约为 -3 ~ 7℃ 时所形成，重度和附着力介于雾凇和雨凇之间。

在有关规范中，覆冰厚度系指雨凇的"平均厚度"，通常实际形状是呈机翼横截面流线型的，长度方向在背风面（与雾凇相反），业主提供的总是取总长度的值，因此，首先应问清覆冰的种类，然后将提供的覆冰厚度乘以 0.8 ~ 0.85 系数。电力部门也有取 1m 长度内的覆冰重量换算成平均覆冰厚度的。

与覆冰荷载组合的相应风压和相应气温，《高耸结构设计规范》规定，分别为 0.15kN/s 和 -5℃。应该注意，这个风压和气温都是常数，不考虑地貌和沿高度变化，也不考虑组合值系数。但是，覆冰厚度是沿高度递增的。

根据计算经验，在一般覆冰区，塔桅结构的构件承载能力还是由风载控制的。

9. 圆形截面杆件的体型系数应取标准值

圆形截面杆件的体形系数决定于雷诺数：

$$R_e = v_z d / \mu \qquad (1\text{-}1)$$

式中　v_z——杆件所在标高处的风速（m/s）；

d——杆件直径（m）；

μ——空气黏着系数，15℃ 及标准大气压下，其值为 $0.145 \times 10^{-4} \text{m}^2/\text{s}$。

一般情况下：

当雷诺数 $R_e = 1.5 \times 10^5$ 时，圆形截面杆件的体形系数 $\mu_S = 1.2$；

当雷诺数 $R_e = 4.5 \times 10^5$ 时，圆形截面杆件的体形系数 $\mu_S = 0.6$（考虑材料表面粗糙度，有的取 0.7）。

为便于计算，有关规范把 R_e-μ_S 关系换算为 $w_z d^2$-μ_S 的关系，即将按风速确定的风压：

$$w_0 = v_z^2 / 1600 (\text{kN/m}^2) \qquad (1\text{-}2)$$

代入式（1-1），得

$$\mu_z w_0 d^2 \leq 0.003, \quad \mu_S = 1.2;$$

$$\mu_z w_0 d^2 \geq 0.020, \quad \mu_S = 0.7。$$

《建筑结构荷载规范》GB 50009 有关圆形截面杆件的体形系数的条件规定为

$$\mu_z w_0 d^2 \leqslant 0.002$$

$$\mu_z w_0 d^2 \geqslant 0.015$$

与前者的区别在于后者取了设计值，即在上述换算中把基本风压乘了分项系数 γ_Q（1.4），因此，在使用时应把 w_0 除以 1.4，以便在强度验算时统一考虑分项系数，这样处理也是偏于安全的。规范提供的设计数据应为标准值。

10. 微波天线的体型系数变化并非线性关系

微波天线（呈抛物面）的体型系数随作用风向而变化。确切地说，微波天线的体型系数与其安装位置和计算风向所成角度有关，这种变化关系并非呈直线关系。《钢塔桅结构设计规范》GY 5001 仅规定角度 α 为 0°、60°和 180°的体型系数分别为 1.4、1.7 和 1.0，其间按插入法计算，出入很大。有人对卡塞格兰、安德鲁等三种不同的微波天线的体型系数做过风洞实验，得出了各种来流攻角对微波天线垂直与平行于天线面分量的体型系数的变化曲线，表 1-5 所列三种微波天线整体体型系数 μ_s 值，就是按实验数据得出的。《高耸结构设计规范》GB50135 引入了这些数据。遗憾的是，2006 年版添加的"d"种天线形式，是不存在的，但有关数据却同卡式天线。显然，是添加者把卡式的锅状天线错解成"弓形"的，属于制图的基本概念问题，画蛇添足。

由表 1-5，可得微波天线整体体型系数：

$$\mu_s = \sqrt{\mu_{sn}^2 + \mu_{sp}^2} \tag{1-3}$$

微波天线整体体型系数 μ_s 值　　　　　　　　表 1-5

水平角 θ（°）		0	30	50	90	120	150	180
	垂直于天线面的分量 μ_{sn}	1.30	1.40	1.70	0.15	0.35	0.60	0.80
	平行于天线面的分量 μ_{sp}	0.01	0.05	0.06	0.19	0.22	0.17	0.06

水平角 θ（°）		0	30	50	90	120	150	180
	垂直于天线面的分量 μ_{sn}	0.80	0.84	0.90	0	0.20	0.40	0.60
	平行于天线面的分量 μ_{sp}	0	0.40	0.55	0.41	0.29	0.14	0
	垂直于天线面的分量 μ_{sn}	1.10	1.20	1.30	0	0.24	0.48	0.70
	平行于天线面的分量 μ_{sp}	0	0.31	0.60	0.44	0.31	0.16	0

11. 塔架体型系数及挡风面积计算

塔架挡风系数：

$$\varphi = \frac{\sum A_i}{A} \tag{1-4}$$

式中　$\sum A_i$——杆件迎风面积；

A——塔架迎风轮廓面积。

塔架透风系数：

$$\psi = (1-\varphi)^2 \tag{1-5}$$

塔架体型系数：

$$\mu_{sw} = 1 + \psi \tag{1-6}$$

塔架挡风面积：

$$A_w = \sum A_i \mu_s (1+\psi) \tag{1-7}$$

式中　$\sum A_i \mu_s$——迎风面杆件挡风面积；

其中，μ_s——杆件体型系数。

关于塔架体型系数及挡风面积，有关规范表示不是很明确，有的对塔架透风系数（也称立体系数）ψ 计算为线性关系，结果是偏大的。此外，宜将杆件迎风面积乘上杆件体型系数后，称为杆件挡风面积，概念比较清晰，也不致混淆。

12. 组合腿的塔架体型系数及挡风面积计算

塔架的组合腿，即指塔架主柱由若干杆件构成的一种空间的格构式构件，如图 1-1 所示的截面为四边形的塔架组合腿。

一个塔腿的挡风系数：

$$\varphi_1 = \frac{\sum A_i}{A_1} \qquad (1-8)$$

式中　$\sum A_i$——一个塔腿的杆件迎风面积；

　　　A_1——一个塔腿的迎风轮廓面积。

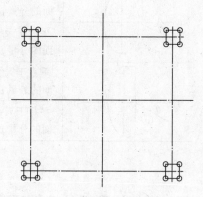

图 1-1　组合腿的塔架截面图

一个塔腿的透风系数：

$$\psi_1 = (1-\varphi_1)^2 \qquad (1-9)$$

塔架的挡风系数

$$\varphi = \frac{2\sum A_i(1+\psi_1)}{A} \qquad (1-10)$$

式中　A——塔架的轮廓面积。

塔架的透风系数：

$$\psi = (1+\varphi)^2 \qquad (1-11)$$

塔架体型系数：

$$\mu_{sw} = 1+\psi \qquad (1-12)$$

塔架挡风面积：

$$A_w = 2\sum A_i\mu_s(1+\psi_1)(1+\psi) \qquad (1-13)$$

式中　$2\sum A_i\mu_s(1+\psi_1)$——迎风面塔腿挡风面积；

其中，μ_s——杆件体型系数。

13. 天线挡风面积宜计入透风系数

在自立塔整体计算程序中，对于不确定的天线荷载单独输入，这是符合使用情况的。但是，在计算程序中没有包含天线的透风系数。也就是说，没有计入背风面的天线荷载。而且，天线工艺所提供的"挡风面积"实际上是迎风面积。解决的办法，可以将单独输入的天线挡风面积（乘上杆件体型系数后）包括自身的透风系数，即

$$A_t = \mu_s \sum A_i \left[1 + \left(1 - \frac{\sum A_i}{A} \right)^2 \right] \tag{1-14}$$

式中　　$\sum A_i$——天线迎风面积；

　　　　μ_s——天线杆件体型系数，均取 1.2；

　　　　A——天线轮廓面积。

为便于计算，用于电视 VHF 偶极板天线的挡风面积（包含透风系数）列于表 1-6。

电视 VHF 偶极板天线含透风系数的挡风面积　　　　　　　表　1-6

天 线			尺寸（m）	迎风面积（m²）$\sum A_i$	挡风系数 $\varphi = \frac{\sum A_i}{A}$	透风系数 $\psi = (1-\varphi)^2$	挡风面积（m²）$A_t = \mu_s \sum A_i (1+\psi)$
波段	形式	频道					
I	单偶极板	1	2×3.5	1.0	0.143	0.734	2.081
		2	1.6×3	0.9	0.188	0.659	1.792
	双偶极板	3	3.55×2.46	1.7	0.195	0.648	3.362
		4	3.04×2.06	1.5	0.240	0.578	2.840
II		FM	2.5×1.7	1.15	0.271	0.531	2.113
III	四偶极板	6~12	2.8×1.3	1.25	0.343	0.432	2.148

14. 电视蝙蝠翼天线的质量与挡风面积

蝙蝠翼天线的质量与挡风面积按每层 4 片计算，不包括中间的钢管桅杆

（$\phi \leqslant 0.1\lambda$）。表 1-7 为不同频道的电视蝙蝠翼天线的质量与挡风面积。

电视蝙蝠翼天线的质量与挡风面积　　　　表　1-7

频道	1	2	3	4	5	FM	6	7	8	9	10	11	12
质量（kg）	152	132	104	92	76	72	48						
挡风面积（m）	2.2	1.92	1.48	1.28	1.0	0.92	0.41	0.40	0.39	0.38	0.36	0.35	0.34

15. 电视 UHF 四偶极板天线的挡风面积

电视 UHF 四偶极板天线因其外包玻璃钢罩，俗称面包天线，而安装天线的桅杆一般采用角钢、缀板组合的格构式框架，因此，安装天线后结构透风不大，挡风面积计算宜将天线和桅杆按外廓尺寸一起计算。表 1-8 为通常几种桅杆宽度安装 UHF 四偶极板天线后的挡风面积。

注意，表中四偶极板天线的挡风面积只包含桅杆的挡风面积，天线与桅杆的质量应分别计算。

电视 UHF 四偶极板天线段的挡风面积　　　　表　1-8

桅杆宽度（mm）	挡风面积（m²/m）		备　注
	平行风向	45°风向	
700	1.60	1.76	含桅杆段（下同）
750	1.67	1.84	
800	1.74	1.91	
850	1.82	2.0	
1000	2.03	2.23	天线场形欠佳

16. 塔桅结构的风振系数

作用于塔桅结构的风荷载因阵风脉动的动力作用产生风振，当结构的基本自振周期≥0.25s 时，应考虑风振的影响。对于结构风振影响的计算方法，有个变化过程，各规范也不尽相同。

20 世纪 50~60 年代，按照苏联无线电专家萨维斯基的研究结果，采用常数值 $K = 1.6$（各国采用系数出入较大，小则 0.86，此取最大值）。

20 世纪 60 年代中期~70 年代初，我国采用苏联的计算公式（各个国家都有自己的计算式）：

$$\beta = 1 + \xi m \tag{1-15}$$

式中　ξ——与结构物的自振周期有关的动力系数；

　　　m——与距地面高度有关的风压脉动系数。

式（1-15）是假设结构为单自由度体系导出的风振系数公式，所得风振系数随高度而减小，与事实并不符合。

1974 年版《工业及民用建筑结构荷载规范》TJ9-74，对上式进行了修改。按构筑物底部截面内力（弯矩或切力）的等效原则，所求得的平均系数值，给出沿结构高度不变的风振系数，即根据结构的材料及基本自振周期取值（常数）。以后又考虑不同高度处的风脉冲不同，在高于 40m 的构筑物上部按下式予以折减修正：

$$\beta' = a\beta + b \tag{1-16}$$

式中　a、b——按每 40m 变化的系数。

修正后的公式，构筑物不同高度处的风振系数还是由下而上呈线性递减。

《建筑结构荷载规范》GBJ9-87 对结构改用无限自由度体系，并按随机振动理论采用振型分解方法进行分析，导出了高耸结构和高层建筑在高度 z 处的风振系数公式：

$$\beta_z = 1 + \frac{\xi \nu \varphi_z}{\mu_z} \tag{1-17}$$

式中　ξ——脉动增大系数；

　　　ν——脉动影响系数；

　　　φ_z——振型系数；

　　　μ_z——风压高度变化系数。

式（1-17）是按构筑物的外形和质量沿高度不变的等截面导出的，对于塔架结构，除按变截面取结构的振型系数 φ_z 外，式中脉动影响系数 ν 尚须按规范规定予以修正。

《建筑结构荷载规范》GB 50009—2001 风振系数公式（1-17）没有改变，只是式中一些系数有些变化。

《建筑结构荷载规范》GB 50009—2012，z 高度处的风振系数按下式计算：

$$\beta_z = 1 + 2gI_{10}B_z(1+R^2)^{1/2} \tag{1-18}$$

式中　g——峰值因子，可取 2.5；

I_{10}——10^m 高度名义湍流强度，对应 A、B、C 和 D 类地面粗糙度，可分别取 0.12、0.14、0.23 和 0.39；

R——脉动风荷载的共振分量因子；

B_z——脉动风荷载的背景分量因子。

《高耸结构设计规范》GB 50135—2006 规定，自立式高耸结构在 z 高度处的风振系数 β_z 按下式确定：

$$\beta_z = 1 + \xi \varepsilon_1 \varepsilon_2 \tag{1-19}$$

式中　ξ——脉动增大系数；

ε_1——风压脉动和风压高度变化等的影响系数；

ε_2——振型、结构外形的影响系数。

《钢塔桅结构设计规范》GY 5001-2004，把作用于结构的风效应分为平均风和脉动风两部分，即作用于结构 i 质点的平均风力标准值为：

$$P_{si} = w_{ki}A_i \tag{1-20}$$

式中　w_{ki}——第 i 质点风荷标准值；

A_i——第 i 质点的挡风面积。

作用于结构第 i 质点第 j 振型的脉动风标准值按下式确定：

$$P_{dji} = M_iY_{ji}\xi_j\nu_j\eta_j \tag{1-21}$$

式中　η_j——结构第 j 振型的参与系数：

$$\eta_j = \sum Y_{ji}w_{kj}M_iA_i \Big/ \sum Y_{ji}^2M_i \tag{1-22}$$

M_i——结构第 i 质点的集中质量；

Y_{ji}——第 j 振型第 i 质点的水平相对位移；

ξ_j——第 j 振型的脉动增大系数；

ν_j——第 j 振型的空间相关系数；

w_{ki}——第 i 质点风荷载标准值；

m_i——第 i 质点风荷载的脉动系数。

其实，《钢塔桅结构设计规范》的上面表示方式与公式（1-15）一致，但是引入了沿结构高度变化的质量参数和与振型有关的（多自由度）空间相关系数，尤其质量参数能反映设置在高耸构筑物上的平台抑或塔楼等结构的质量特变所产生的风振变化，因此，更能反映高耸结构的特性及其风振响应。

17. 自立式塔架的风振系数和体型系数不能替代塔楼的阵风系数

塔楼作为高耸塔架上的质点，在风荷载作用下，应考虑风压脉动对整个柔性结构发生风振的影响—风振系数（β_z）。但在计算塔楼结构，尤其计算玻璃幕墙刚性结构时，其风荷载不仅要考虑平均风压和风荷载的体型系数，还应考虑脉动风瞬间的增大因素—阵风系数（β_{gz}）。

计算塔楼玻璃幕墙等围护结构风荷载时，可直接按《建筑结构荷载规范》GB 50009 所列的阵风系数取值。

18. 地面粗糙度类别与计算程序不符

风压高度变化系数由地面粗糙度确定，一般在整体计算程序中，只考虑通常的 B 类地面粗糙度的风压高度变化系数，那么当确定其他类别的地面粗糙度时，应该对源程序做以下相应的修改。

四类地面粗糙度的风压高度变化系数公式分别为：

$$\mu_z^A = 1.284 \left(\frac{z}{10}\right)^{0.24}$$

$$\mu_z^B = 1.000 \left(\frac{z}{10}\right)^{0.30}$$

$$\mu_z^C = 0.544 \left(\frac{z}{10}\right)^{0.44}$$

（1-23）

$$\mu_z^D = 0.262 \left(\frac{z}{10}\right)^{0.60}$$

相应的梯度风高度分别为 300^m、350^m、450^m 和 550^m。

4 类地貌风压高度变化系数分别规定了各自的截断高度，分别取为 5^m、10^m、15^m 和 30^m，即高度变化系数取值分别不小于 1.09、1.00、0.65 和 0.51。

如果在塔架整体计算程序中，将四类地面粗糙度的风压高度变化系数都编入，那就方便得多。

19. 利用原有塔桅构筑物必须进行结构核算

利用原有塔桅构筑物架设天线，是一种节省投资的方案。如果建设场地和天线工艺有变化，必须对结构、构造进行核算并采取相应措施，如必要的检修、加固等，才能确定可否使用。尤其场地变化大，增加塔桅负荷，若是照搬使用，就会发生事故。

【案例 1】

山西长治老马岭一座 72m 高的广播电视桅杆，业主利用山下的一座未经设计的边宽 1m 中波桅杆，纤绳及其上面的绝缘子和零构件原封不动，也未检修，便挪到海拔 1596m 高的山上发射台，并由非专业人员将桅杆底部的铰接改成了固接，就在桅杆上面安装了调频、电视天线。2010年 4 月 26 日下午，遇上 10 级大

图 1-2　长治老马岭广播电视桅杆倒塌现场

风，桅杆上端的一方纤绳松脱绳卡，导致桅杆整体失稳，在桅杆底部的薄弱处折断倒塌，广播、供电中断，楼体受损，所幸人员没有伤亡，调频、电视发射机没有损坏（图 1-2）。

20. 桅杆纤绳的横向共振

用于电视、调频或短波天线等的支持桅杆，细长而无零构件的纤绳，在低速风作用下会产生横向振动，当雷诺数 R_e<3×10^5 时，可能发生亚临界范围的微风共振，共振时结构还会发生共振响声。对此，可在构造上采取防振措施，以改变结构的自振周期 T 而不发生微风共振，或者控制结构的临界风速 v_{cr} 不小于 15m/s，以降低微风共振的发生率。

【案例 1】

北京 325m 的气象桅杆，于 1977 年 6 月建立后才 2 天，就发现 122～400m 长的纤绳在低风速 v=3.0m/s 时产生横向振动现象，并发出类似金属的丁当声和波涛的轰鸣噪声，在静寂的夜间远传到 250m 以外。为避免发生横向共振，在纤绳上及时安装了橡胶阻尼减振器（d=152mm，l=300mm，g=45kg，内部填充橡胶），上面两层纤绳距底端 6m 处安装了 3 个阻尼器，下面 3 层安装了 1 个阻尼器，就此克服了这种现象。

河南商丘 258m 电视桅杆也有这种现象，也采取了类似措施。

【案例 2】

青岛某长波天线支持桅杆在超长纤绳的 1/3 长度处，在结构设计时设置了防振八字线，也是一种有效的防振构造措施。

21. 楼顶钢塔的地震效应

建在高楼顶上的钢塔桅结构要比建在地面上的自立塔更容易产生鞭梢效应，而且产生的鞭梢效应更为强烈。

按底部剪力法，计算楼房各楼层的水平地震作用（F_i）与楼房的高度和楼层的重力荷载成正比，因此，在楼房顶部的水平地震作用（F_n）要大于直接对楼房底部的水平地震作用（F_{Ek}），即楼房顶部的水平地震作用为：

$$F_n = \frac{G_n H_n}{\sum\limits_{i=1}^{n} G_i H_i} F_{Ek}(1 - \delta_n) + \delta_n F_{Ek} \tag{1-24}$$

式中　G_n、G_i——分别为集中于质点 n（楼房顶层）和 i 的重力荷载；

$\quad\quad$ H_n、H_i——分别为质点 n 和 i 的计算高度；

$\quad\quad$ δ_n——楼房顶部附加地震作用系数。

楼房顶部的水平地震作用就是对楼顶塔底部的水平地震作用，显然式（1-24）这个水平地震作用要比建在地面上的自立塔底部的水平地震作用（F_{Ek}）大得多，楼房越高，楼顶层的重力荷载越大，对楼顶塔底部产生的水平地震作用也越大，换句话说，高楼对楼顶塔的水平地震作用起了放大、强化的作用，因此，楼顶塔的破坏概率也就越大。

楼房顶部在强烈、来回水平地震作用下，不仅使楼顶产生位移，同时产生加速度，而这些加速度就使楼顶钢塔底部产生与其反向的惯性力：

$$F_I(t) = m_n \ddot{u}(t) \tag{1-25}$$

式中　m_n——楼顶钢塔的质量；

$\quad\quad$ $\ddot{u}(t)$——楼房顶部的加速度。

这个惯性力就是激励楼顶钢塔顶部天线桅杆鞭梢效应的动力荷载。因为钢塔顶部的桅杆质量比整个钢塔小得多，钢塔的结构刚度又是从下到上由大变小，因此，当这个激励钢塔振动的惯性力传到顶部桅杆时，顶部桅杆要平衡这个惯性力，势必加大加速度，振幅剧烈增大，产生的位移是塔架部分的数倍，如果桅杆的构件刚度不够，就发生弯折破坏。对于根开和刚度很小的窄基塔架，也有可能在塔架根部产生鞭梢效应而折断。

钢筋混凝土结构或砖混结构的楼房具有较高的阻尼比，在水平地震作用后，阻尼力起主要作用，振幅衰减得很快，惯性力随着减小。但是，楼顶上的钢塔的阻尼比要比楼房小得多，尤其顶部桅杆轻型结构，不会影响平衡惯性力的加速度和振幅的增加。相反，较高阻尼比的楼房对阻尼比较小的钢塔产生惯性力起了加强作用。因此，在地震中，楼顶塔遭到了破坏，但是，建立钢塔的主体结构楼房却保持完好，也就是说，在主体结构楼房无震害或震害很轻的情况下，楼房顶上的钢塔的地震反应却很强烈，并产生严重破坏。

关于楼顶塔突出物的基本频率与整体结构的固有频率相近，并与地面扰频接近，是产生鞭梢效应的观点，难以解说楼顶塔普遍遭受破坏的实质，按此理论，建在地面上的自立塔似应更容易发生鞭梢效应，但是事实是相反的。频率论适于分析结构风效应的共振现象，对于在强烈地震作用下瞬间发生的结构鞭梢效应并不合适。

将楼顶塔作为一个质点和楼房作为一个整体结构进行地震作用计算分析，对于动力特性、自振周期、阻尼比、质量以及刚度等相差甚远的两种完全不同的结构体系，是否合理，有待商榷。在结构风工程中，对于钢筋混凝土塔上的钢桅杆的共振问题，因其结构、材料、形式、质量、自振频率、阻尼系数以及雷诺值等与下部结构不一，是予以分别考虑的。因此，对楼房顶部的钢塔的地震作用也宜另加分析。也可以说，在抗风计算中，主要是楼顶塔对楼房产生效应，在抗震计算时，则主要是楼房对楼顶塔产生作用。主体结构-钢筋混凝土塔，抑或楼房，与其顶部的钢塔不宜作为一个整体结构进行计算分析，应该分别考虑。在结构计算中，根据结构和作用情况分清主次，做些简化假定是必要的，而采取人为的增大系数 1.5 或 3.0，则是缺乏依据的。

基于上述分析，利用高楼建塔是否最佳方案，值得斟酌。

首先，在地震的高烈度区域不宜采用高楼建塔方案。

其次，楼顶塔的设计必须计算高楼作用。过去楼、塔分离，各自为家的做法，抑或强调楼顶塔的设计建立于高楼安全的前提等措辞，都是不可取的。

第三，应提高楼顶塔的设计标准，尤其楼顶塔上部的桅杆结构，应该增大构件刚度和截面刚度，以适应高楼效应。

此外，适当调整楼顶塔的塔形和结构设计，使结构刚度和质量分布尽量均衡，减少截面突变，缩短桅杆长度，限制杆顶荷载。

【案例 1】

2008 年 5 月 12 日，四川省汶川县发生 8.0 级大地震，最高烈度达 11 度，建在高楼顶上的钢塔普遍遭到破坏，顶部发生弯折（图 1-3）。

但是，建在山坡地面上的钢结构通信塔并未破坏（图 1-4）。尤其是，在 2006 年，峨眉山无线发射台搬迁工程，在汶川周边所建的近 20 座电视调频塔，天线桅杆段很长，占整塔高度的 63%～86%，上面悬挂的天线多达近 40 层，而且多建在山头，塔基窄，有的仅为塔高的 1/8，却安然无恙。如果说楼顶塔的破坏是自身结构的鞭梢效应所致，那么这些钢塔似乎更容易发生破坏，但是实际上是相反的。

图 1-3　都江堰公安大楼楼顶塔破坏

　　由图 1-3 可见，在地震中，楼顶塔遭到了破坏，而建立钢塔的下面主体结构楼房却保持完好。图 1-4，建在地面上的通信塔完好无损。

图 1-4　地面上的通信塔完好无损

22. 质量密度与重力密度

　　质量密度（ρ）指单位体积材料（包括岩石和土）的质量（kg/m^3），简称密度，也称比重。

　　重力密度（γ）指单位体积材料（包括岩土）所受的重力（N/m^3），简称重度，也称容重，为质量密度与重力加速度的乘积。

　　在地基、基础计算中，有关岩土的参数均为重力密度。

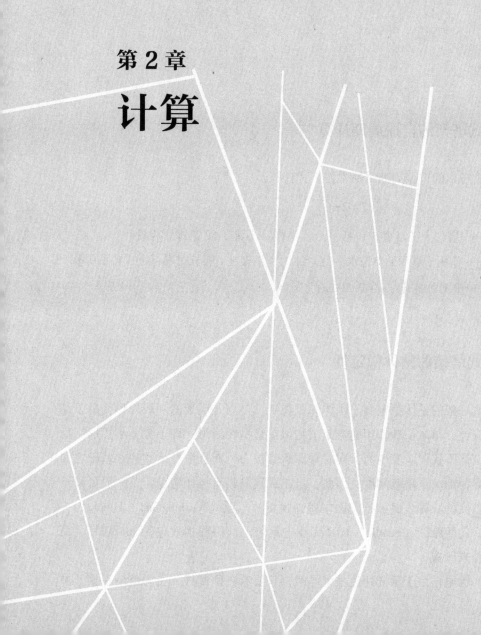

塔桅结构
设计误区与提示

概念 实践 经验

第 2 章
计算

1. 自立式塔架的自振周期计算

自立式塔架的自振周期，通常按下式计算：

$$T = 2\pi \left(\sum P_i y_i^2 / g y_1 \right)^{1/2} \tag{2-1}$$

式中，P_i——塔架 i 层自重，包括平台、塔楼，不计天线等外加荷载；

y_i——作用于塔顶的单位水平力 $x=1$ 时，塔架在 i 层节间重心处的水平位移；

g——重力加速度，$g=9.80\text{m/s}^2$。

2. 自立式塔架的整体稳定性

自立式塔架的整体稳定属于刚体倾覆稳定。自立式塔架的一般外形，由于结构的等强设计，与风荷载作用的弯矩图相似，呈抛物线形，即下大上小，形态稳定；基础设计不仅要承受压力，同时考虑承受拔力，而且塔柱下的独立基础之间设置联系梁，加大了塔基刚度，因此，自立式钢塔具有抗倾覆稳定，一般可以不进行整体稳性的验算。例如，美国华盛顿州奥林匹亚（Washington，Olympia）一次大地震，使西雅图（Seattle）KJR 无线电钢塔上部因鞭梢效应受弯折破坏，而整个塔架并未倾覆。

但是，输电塔由于顶部两侧挂置导线，只要有一侧断线，受力就不平衡，并且产生惯性力，输电线路中有一座塔的破坏就会影响相邻塔的稳定，这样就产生多米诺效应，发生成批破坏现象。如果塔基连接强度不足，基础抗拔抑或抗倾覆不够，就有可能造成自立塔架的整体倾覆。在这种情况下，不仅要验算塔架的强度、变形，还要验算塔架的整体稳定性。对于突然产生的断线荷载，其冲击系数按2.0计算。即在不考虑原有的导线张力外，尚要在其作用位置上加以大小相等方向相反的另一荷载。

【案例1】

2008年初，我国南方地区受到特大冰雪灾害，输电线路自立式钢塔破坏严重，从破坏情况看，主要是塔架顶部受压弯折断（图2-1a），但也有塔架的整体倾覆（图2-1b）。

（a）架顶部受压弯折断   （b）塔架的整体倾覆

图2-1 输电线路塔架的破坏现象

3. 塔桅结构的混沌现象

现代建立广播电视塔，顶部天线越来越多，桅杆越来越长，而有限的截面尺寸使天线桅杆段形成细长柔软的结构体系，在脉动风作用下极易丧失稳定。对于自立塔顶部具有多层而尺寸又有限制的变截面格构式桅杆段长度的最大限值以及天线荷载的最大临界值的确定较为复杂，既与结构自身稳定性有关，又与风荷载作用下的结构振动有关，采用目前传统的工程力学和结构力学方法是无法模拟和难以求解的。至今国际上公认的解析方法只有欧拉（Leonhard Euler）屈曲临界力公式 $P_c = 4\pi^2 EJ/l^2$，迄今已有240多年历史，也只是适用于理想构件的稳定计算式。

塔架顶部的多层变截面超长细柔的格构式天线桅杆段的受力状态，属于非线性系统在时空中的随机动力作用，理论上属于在竖向天线荷载和结构自重作用下，同时承受横向风荷载或地震作用时，结构可能引起失稳和振动的问题，是塔桅结构中的混沌（Chaos）现象。虽然这种现象对工程实践和结构可靠性有着十分现实和至关重要的意义，但对于这种稳定和振动的非线性动力方程的求解相当困难，多维问题的偏微分方程的处理尚无能力。

对于自立塔架顶部多层变截面的桅杆段长度及荷载的限值问题（主要用于广播电视塔），有关规范和计算式不可能反映这种复杂的因素或影响，因此，在塔桅结构设计中只能采取相应的对策，以减少可能造成的风险。

首先，控制一定的天线数量，优化天线型式，尽可能采用多功器，减少负荷，缩短各段桅杆长度，同时合理调整各段天线的桅杆截面尺寸，尤其增加桅杆底段的截面刚度，从根本上改善塔桅结构的受力性能。

其次，在结构计算和构造设计中控制塔桅结构的构件强度、节点变位和自振周期。桅杆段的强度计算要有安全储备，要考虑风载作用下的疲劳效应（过去应力控制在100MPa内）。对于塔架主体结构部分的水平位移容易达到规范要求，但是杆顶位移往往较大。如果在天线桅杆段下面设置塔楼或平台，则对桅杆段的风振有抑制作用，同时减少杆顶位移。还有，除保证各段格构式桅杆的整体稳定外，塔架主体结构更需要"稳重"，适当增大塔架根开尺寸是必要的，以增加塔架截面刚度，避免头重脚轻，降低桅杆风振。同时减少外形坡折，因为每一坡折点都将增加顶部位移。若场地受限制，塔架根开狭窄，直线形的塔形便是最佳方案。

此外，塔架腹杆体系宜采用刚性，因为刚性腹杆体系的杆件内力要比柔性腹杆体系的小，由桁架变位计算式 $Y_{kp} = \sum N_k N_p l/EA$，不难看出，刚性腹杆体系的塔架节点变位随之减小。

作为输电线网支持物的自立式钢塔，鉴于遭受特大冰雪灾害的严重破坏情况，应该提高行业的设计标准，以防罕遇荷载的发生。

对于塔桅结构中的混沌现象，只能在工程实践中不断总结，积累经验。

【案例1】

深圳梧桐山电视塔，高 198m，天线桅杆段长度 117.5m，杆顶位移不到 2.0m，满足规范要求，主要原因就是桅杆段底部设有 7 层塔楼，降低了塔架及桅杆结构风振的递增规律（图 2-2）。

【案例2】

四川省广电厅峨眉山无线发射台搬迁工程和广西壮族自治区广电厅无线覆盖工程的几十座广播电视塔几乎都建在山头，风大地窄，塔基根开有的仅为塔高的 1/8，

图 2-2 深圳梧桐山电视塔

而天线桅杆段超长，最长占塔高 86%，头重脚轻，在结构设计中采取了以上相应措施，经受了 2008 年初广西特大冰雪灾害和同年 5 月 12 日四川省汶川县 8.0 级大地震的严峻考验，没有一座受到破坏。

4. 格构式轴心受压构件换算长细比公式的使用范围

格构式轴心受压构件换算长细比公式，在推导时对受压构件计算长度的修正系数中的角度 α 做了假定，如等边三角形截面采用斜缀条的轴心受压构件，假设斜缀条与横杆的夹角 $\alpha = 45°$，则由受压构件计算长度的修正系数：

$$\mu = \sqrt{1 + \frac{2\pi^2 A}{\sin\alpha \cos^2\alpha A_1 \lambda^2}} \qquad (2-2)$$

式中，A——一个柱肢的截面面积；

A_1——斜杆的截面面积；

λ——修整前长细比；

α——斜杆与横杆的夹角。

得到计算公式：

$$\lambda_{ox} = \sqrt{\lambda_x^2 + 56\frac{A}{A_1}}；$$

$$\lambda_{oy} = \sqrt{\lambda_y^2 + 56\frac{A}{A_1}} \qquad\qquad (2-3)$$

显然，如果斜缀条与横杆的夹角 α 过大，就不能采用这个公式。例如 $\alpha =$ 60°，则式（2-3）中的系数为 91，显然，采用这个公式就偏于不安全。因此，在结构方案设计时，对斜杆的倾角应有所控制。

《高耸结构设计规范》GB 50135—2006 规定，"斜缀条与构件轴线间的倾角应保持在 40°~70°范围内"，过宽了些。

5. 塔桅构件中的拉杆为什么也规定容许长细比

有关规范规定拉杆的长细比，是为了保证结构安全，以防结构在运行使用中转化为压杆。只有对始终受拉的预加拉力的构件，才可以不受长细比的限制。

6. 格构式桅杆杆身截面刚度的折减

塔桅结构计算中截面惯性矩一般按主柱计算的，未计入腹杆面积，因此有人认为格构式桅杆杆身截面刚度不需要折减。格构式桅杆杆身截面刚度的折减，主要是考虑格构式桅杆按压弯杆件计算时在横向力作用下对腹杆变形的影响。横向力对于实腹杆件承载能力的影响不大，计算时一般可不予考虑，但对于空腹结构的格构式桅杆是需要加以考虑的。即将桅杆杆身截面刚度乘上一个折减系数 ξ，《高耸结构设计规范》GB 50135—2006 按下式计算：

$$\xi = \left(\frac{l_0}{i\lambda_0} \right)^2 \tag{2-4}$$

式中，l_0——弹性支承点之间杆身计算长度；

　　　i——杆身截面回转半径；

　　　λ_0——弹性支承点之间杆身换算长细比。

《高耸结构设计规范》与《钢塔桅结构设计规范》的区别，采用系数的平方值，要折减得多。

7. 塔架主柱法兰盘及螺栓连接计算应视部位而定

塔架主柱法兰盘及连接螺栓的受力大小要看在主柱上的设置部位。如果主柱法兰盘设置在塔架某一节间内（即在主柱直线段上），连接计算的外力就是主柱内力（拉力）；如果主柱法兰盘设置在塔架主柱与腹杆汇交的结点处，连接计算的外力应该取该截面的弯矩（M）和轴向力（N）共同作用的外力：

$$F = F_M - F_N \tag{2-5}$$

式中，F_M——由弯矩产生的拉力，应用加权平均法算得的柱肢最大拉力；

　　　F_N——由轴向力产生的压力。

这样算得的拉力，通常要比主柱内力大，尚要看汇交的斜腹杆的实际受力状况。因此，一概取主柱内力抑或采用截面处的外力来选用连接螺栓，很可能承载力不够。

8. 塔靴设计

计算塔靴的外力应该取塔架底基截面的弯矩（M_0）和轴向力（N_0）共同作用的外力：

$$F = \pm F_M - F_N \tag{2-6}$$

其中拉力用以选取连接螺栓或锚栓的规格、数量，压力验算塔靴管柱承载力。通常塔靴连接螺栓和管柱规格要比上部塔柱的大。

由弯矩产生的拉力和压力，应用加权平均法算得的柱肢最大拉力和压力：

$$F_{\mathrm{M}} = M_{\mathrm{o}} \cdot y_{\max} / \sum y_i^2 \qquad (2-7)$$

式中，$y_{\max}$——距中和轴最远端的柱肢或基础距离；

y_i——距中和轴各柱肢或基础的相应距离。

9. 柔性交叉斜杆内力计算应采用逐次消去法，并同时考虑竖向荷载的作用

柔性杆件通常只能承受拉力，不能承受压力。对于交叉柔性斜杆塔架在侧向风荷载作用下的杆件内力计算，在过去工程设计中，简化假定为刚性斜杆。对计算结果受压斜杆的处理，一种是将压力的绝对值加在受拉斜杆上，另一种则认为退出工作，对其值不论大小，忽略不计。显然，这两种处理方法，所得受拉斜杆的内力值相差很大，而且都没有进行塔架杆件内力的重分配，尤其后一种的处理方法是不安全的。有关文献虽然提示交叉柔性杆件塔架在侧向荷载作用下，受压斜杆的内力计算可采用逐次消减的方法，但是，并没有同时考虑竖向荷载的作用，即将竖向荷载作用单独计算，并且规定，交叉柔性斜杆在竖向荷载作用下的内力为零，垂直力全由塔柱承受，在消减过程中，也不考虑所加外力分解的垂直力对受拉斜杆的影响，因此，计算结果，斜杆内力是偏大的，仍然反映不了塔架杆件的实际受力状况。在塔架安装过程中可以认为垂直力全由塔柱承担，但在塔架安装完成并形成空间结构后，节点内力就需要平衡，杆件实际受力情况，并非人为所假定的了。

对交叉柔性杆件塔架在侧向风荷载作用下，受压斜杆的内力计算应采用逐次消减的方法，应同时考虑竖向荷载的作用，不宜分别计算。在消减过程中，对受压斜杆的内力应予重新分配，受拉斜杆应计及在竖向荷载作用下（包括所加外力分解的垂直力对受拉斜杆的影响）的压力。这样计算结果，才符合塔架杆件的实际受力情况。笔者按此方法编制了"柔性交叉斜杆塔架在风载作用下的内力计算"程序，对

有关工程进行了核算，并经过运行实践，得到的结果是令人满意的。

【案例 1】

　　广州越秀山电视发射塔，建于 1965 年，是一座高 200m，塔架截面为八边形的圆钢组合结构，腹杆除了底段为 K 形外，属于交叉柔性斜杆体系。多年来，由于负荷增加和计算方法限制，杆件超载较多，原设计单位提出减荷和加固措施，而国内外广告商却想利用该塔设置广告牌，因此，使用单位要求对该塔的承载能力做进一步精确的核算，核算目的：（1）检验现有负荷下塔的可靠性；（2）探讨开展广告业务的可能性。

　　广东电视塔即按上述方法编制的程序核算结果，不仅具有一定的可靠性，并且在标高 50m 处，沿平台周围可以设置挡风面积不超过 86m² 的广告牌，大大提高了该塔的经济效益。该塔从 1993 年开始，先后开展了法国 "FOV" "中国电信" "国窖 1573" 和 "中国光大银行" 等广告业务。以后又用这个计算方法，重新检验了同样是交叉柔性斜杆体系的北京月坛电视塔的结构可靠度，得以保留该塔作为中央电视台的备用塔。20 世纪 60 年代国内所建的这类电视塔，经历了大风、地震和超负荷的考验，却安然无恙，其中计算原理和方法是一个很值得推敲的因素。

10. 塔架腹杆为柔性圆钢拉杆（带有螺栓扣）的强度验算

　　塔架腹杆为柔性圆钢拉杆时，为了安装时调直和施加一定的预拉力，通常在拉杆中设有螺旋扣。在验算拉杆抗拉承载力时，设计人员往往只验算圆钢截面强度，忽略了螺旋扣螺杆的螺纹截面强度，而拉杆的抗拉承载力通常由螺杆抗拉强度控制，相同截面尺寸，螺纹强度设计值要低于圆钢截面。

【案例 1】

　　北京月坛电视发射塔（原中央电视塔），设计高度为 182.2m，三角形圆钢组合截面，柔性腹杆体系，于 1966 年 9 月建成，用钢量 104t。

1973 年 8 月，笔者因科研所拟增天线对该塔进行了核算，发现该塔对柔性圆钢拉杆的计算，只验算圆钢截面强度，没有验算螺旋扣螺杆的螺纹截面强度，造成某些杆件的应力超过规范标准。1975 年，由中央电视台和技术部组织了原设计人员对该塔进行了验算，在几种负荷情况下，均不能避免超值杆件。为此，拆卸了重达数吨的额外负荷大标语和节日灯（见图 2-3），避免了 1976 年 7 月 28 日唐山大地震的破坏。玉渊潭新塔建成后，为了把月坛电视塔留作中央电视发射台二、八频道的备份塔，又拆除了不必要的天馈线，降低了塔高，减少了负荷，并采取了必要的措施。

图 2-3　1966～1974 年的北京月坛电视发射塔

11. 塔架结构使用其他结构计算软件应做些假定

　　塔架结构使用其他结构计算软件应做些计算假定，首先，由风荷载控制的高耸塔架结构，其风效应是随高度变化的，有别于屋顶结构的均布荷载；其次，塔架结构需要考虑透风系数以及电梯井道对塔架结构的风振影响，有别于有围护结构的风载作用；此外，塔架的挡风面积尚要考虑塔架构件的体型系数，如圆形截面杆件体型系数决定于雷诺数 R_e，与圆形截面的直径、风压及高度等有关。不同的结构软件会有不同的使用条件，应对其输出结果做"工程判定"。美国一位学者曾警告说："误用计算机造成结构破坏而引起灾难只是一个时间问题。"注重概念设计和工程判定是避免这种工程灾难的方法。

【案例 1 】

　　某鉴定单位提交的《大连广播电视发射塔亮化工程安全性鉴定报告》，鉴定使用的主要计算程序为上海交大的"管结构计算机辅助设计系统软件 STCAD"，是否适用于高耸网壳筒体结构，是需要做些计算假定和工程判定的。

12. 塔架结构的有限元计算

　　塔架结构采用有限元计算时，杆件布置要考虑结点力的作用方向。例如截面为四边形的塔架，如果风荷载的作用力在对角线方向的结点上，那么在这个方向的横隔布置就不能有杆件，否则就得不到正确的结果，因为结点上的作用力全由对角线上的杆件平衡了，对此，可以将杆件旋转 90°。

13. 塔架基础及基础骨架（锚栓）计算

　　塔架基础形式、大小既决定于上部结构的作用力，又取决于地基承载力。《建筑地基基础设计规范》GB 50007—2002 发布实施后，地质勘察报告提供的地基承载力为"特征值"（f_{ak}），它的含义有别于新、旧规范中的"标准值"，它译自国际标准《结构可靠性总原则》ISO2394 中相应术语 characteristic value，是个允许值，是地基土压力—变形曲线上线性变形段内某一规定变形所对应的压力值，已包含了安全系数。但是相应于正常使用极限状态下的设计值的地基允许承载力应为考虑影响承载力的各项因素（例如基础的埋深和宽度、上部结构对变形的适应能力等等）进行修正后的地基承载力特征值（f_a）。若地质勘察报告提供的为"标准值"，则为极限值，应考虑相应的抗力分项系数。

　　因此，按地基承载力计算基础底面积和埋深或按单桩承载力确定桩的数量时，上部结构的荷载效应应采用正常使用极限状态下的标准组合，相应的抗力限值采用修正后的地基承载力特征值或单桩承载力特征值；按材料性质计算基础、确定配筋和基础骨架时，上部结构的荷载效应和相应的基底反力应按承载能力极限状态下荷载效应的基本组合，应为荷载设计值，要采用相应的分项系数。

14. 带塔楼的自立塔基础抗拔计算

带塔楼的自立塔，塔楼的永久荷载占整塔重量的很大部分，其中包括钢结构梁、柱体系，钢筋混凝土楼板、玻璃幕墙、机械设备以及消防水箱等等，而这些荷载在安装施工中不是一次完成的，有的间隔半年、一年，甚至更长时间。因此，在基础抗拔计算时（包括基础骨架），塔架重量只能计入塔楼钢结构自重部分（即为安装状态），否则是不安全的。但按地基承载力确定基础面积时，应包括塔楼的所有永久荷载。

15. 钢自立塔要否进行地基变形、基础沉降计算

对于轻型钢结构的自立塔，相对于钢筋混凝土塔，重量轻，附加荷载小，结构荷载均匀，在独立基础之间又有联系梁，因此，一般可以不进行地基变形及基础沉降计算。但是，对于高度 200m 以上的钢自立塔，或塔基内外有高大建筑物以及存在软弱土层或不均匀地基，应进行地基变形和基础沉降计算。

计算地基变形时，传至基础底面上的荷载效应应按正常使用极限状态下荷载效应的准永久组合，不应计入风荷载和地震作用。相应的限值应为地基变形的允许值。

在一般情况下，自立塔基础在施工期间和竣工后已完成最终沉降量约 65% 以上，一年内有些变化，但以后趋向稳定。如果出现不均匀沉降（指基础间沉降量相差较大），就应该采取措施了。

在自立塔附近应设置永久性的沉降观测点，以便定期观测塔架基础的不均匀沉降。

16. 桩基与基桩

《建筑桩基技术规范》JGJ 94-2008 对桩基的定义：由设置于岩土中的桩和与桩顶连接的承台共同组成的基础或由柱与桩直接连接的单桩基础。

基桩则指桩基础中的单桩。

桩基的桩数按单桩承载力确定，传至承台底面上的荷载效应应按正常使用极限状态下荷载效应的标准组合，相应的抗力应采用单桩竖向承载力特征值：

$$R_a = \frac{1}{k} Q_{uk} \qquad (2-8)$$

式中，Q_{uk}——单桩竖向极限承载力标准值；

k——安全系数，取 $k=2$。

【案例 1】

援老挝国家电视台工程设计中，把桩基的极限承载力标准值当作（基桩）设计承载力标准值，按此要求进行单桩静载试验，造成经济损失近 RMB300 万元。

按（2-8）式，单桩竖向极限承载力标准值应为

$$Q_{uk} = R_a \cdot k \qquad (2-9)$$

17. 塔架基础骨架（锚栓）的抗剪控制与二期混凝土

对于塔架底基尺寸（根开）较大时（如四边形塔架根开边宽 $b \geqslant h/4$），基础骨架（锚栓）仅做抗拔计算是不安全的（除非采用斜向基础柱），尚应进行抗剪验算，很可能由抗剪控制。

塔架混凝土基础柱顶部留有约 20cm 高的塔靴方位调整空间，但是在施工时往往未按设计要求及时浇注二期混凝土，锚栓的压弯变形时有发生。即使在上部塔架安装中对下面基础骨架采取临时加固措施，如撑以钢管或型钢，但是这种加

固方法也只能防止锚栓的压弯变形，并未解决锚栓的受剪状态。因此，对于由抗剪控制的基础骨架更应该及时浇注基础的二期混凝土。二期混凝土一般要求在塔靴安装定位后，或底层塔段安装调整后就得浇注。

【案例1】

河北蔚县电视塔，高150m，截面为四边形的钢管组合结构，塔基边宽35m，跨于十字交叉道路上，底段塔柱向心角62.06°，1999年初建成。

基础骨架采用锚栓4M52，设计时按抗剪控制。混凝土基础柱顶部留有20cm高的塔靴方位调整空间，施工时未按设计要求及时浇注二期混凝土。

整塔安装结束后，为进一步校正塔身垂直度，安装工人拧松了固定在基础骨架上的三个塔靴底板下面的锚栓螺母，顿时塔体下沉，塔靴外移，锚栓发生压弯变形。

未松动锚栓螺母前，塔靴底板被上下螺母锁紧，按抗剪设计的锚栓尚有一定的抗剪能力，且为双剪，即使有微量变形，尚能维持相对稳定。松开螺母后，外露的锚栓在塔体重量和塔柱向外的水平剪力作用下成了压弯杆件，且由双剪变为单剪，超出了承载能力，因而发生弯曲变形。

鉴于锚栓变形尚处在弹性阶段，是塔体突然下沉瞬间冲力所致，未产生延变，事后通过加固措施进行了补救。

这个案例提示了三点：

（1）塔架根开较大的基础骨架按抗剪控制设计，避免了发生更大的安全事故；

（2）土建施工未按设计要求及时浇注二期混凝土，也未采取临时加固措施，却为安装工人提供了错误操作的空间；

（3）塔身整体垂直度应在安装过程中及时调整，企图以调节塔基锚栓螺母，一步到位一蹴而就的做法，是违反操作规程切不可取的冒险行为。

18. 拉线式桅杆底座为固接的杆身计算

拉线式桅杆底座为固接的杆身计算，与一般连续梁计算的采用方法一样，可以在固接"0"支座的左端延长一个虚跨（$l_0 \approx 0$，$q_0 \approx 0$），如图 2-4 所示。在 0 支座上，同样可以写出角位移相等的连续方程式，只是 $M_{-1}=0$，$y_0=0$，$I_0=\infty$，$y_{-1}=0$，$v_0=\infty$。

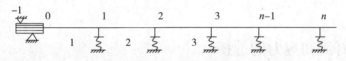

图 2-4 桅杆底座为固接的杆身计算示意图

19. 有悬臂段的拉线式桅杆用连梁法计算时角位移连续条件不成立

用弹性支座连续梁计算桅杆的方法，即采用支座处的角位移相等的连续方程式和支座处力的总和等于零的平衡方程式所建立的方程组，求解支座弯矩和支座位移。对于有悬臂段的拉线式桅杆，顶端的弯矩为已知值，角位移连续方程式就不成立，因此，顶端只能采用支座处力的总和等于零的平衡方程式，否则方程组无解。

20. 无悬臂段的拉线式桅杆顶点变位曲线不收敛

桅杆节点变位曲线是否收敛，是判别桅杆结构整体稳定的一个重要条件。在桅杆计算中，为了使桅杆节点变位协调，一般调整纤绳的初应力。但是，这种试算方法，对于无悬臂段的拉线式桅杆，其效甚微，而过大的初应力又影响桅杆的稳定，顶点位移很难协调，变位曲线不收敛。这时应考虑选用的纤绳截面是否合理，如果适当调整顶层和其下面一层的纤绳规格，变位曲线就会得到令人满意的结果。这种情况，顶层纤绳的规格通常低于其下面一层的纤绳。对此，有人不理解。其实，下面一层纤绳承受杆身上下两半跨的横向力，而顶层则承受顶跨的一半横向力。

【案例 1 】

老挝国电视天线支持桅杆和青岛长波天线支持桅杆，顶层纤绳的规格均低于下面一层的纤绳。

21. 桅杆纤绳初应力的选择

桅杆纤绳初应力的大小，直接影响桅杆结构受力性能，诸如纤绳节点位移、节点刚度、杆身轴向力、纤绳拉力、桅杆自振周期、风振系数、抗震性能以及桅杆的整体稳定性。若选取初应力过小，则节点变位大、节点刚度小，影响桅杆的整体稳定性。如果为了提高整体稳定性，加大纤绳初应力，则杆身的轴向力也随之加大，支座刚度趋于常数，结果反而影响纤绳安全度和桅杆的整体稳定性。尤其当杆身轴向力数值接近欧拉值（$\pi^2 EJ/l^2$）时，即使受到不大的横向风力作用，也能导致桅杆结构失稳而破坏。因此，选取适当的初应力，应使桅杆纤绳节点具有足够的刚度，又不致使纤绳内力和杆身轴向力过于增大，应兼顾整个桅杆各层纤绳初应力协调，杆身节点变位曲线连续、收敛，避免出现过大的支座弯矩。纤绳初应力取值范围，一般为 100~250MPa。这个取值范围是提供设计者在计算桅杆纤绳应力时假定的初应力经验值，最终提供的桅杆纤绳初拉力（即安装拉力）应为满足上述要求的初应力计算值。

22. 风荷载对桅杆不同方向的纤绳的作用风向是不同的

有关桅杆计算方法，假定风荷载作用于不同方向的纤绳上的风向是一致的，即都作用在纤绳上方，实际上风荷载对桅杆不同方向的纤绳，其作用风向是不同的，迎风向的纤绳作用在上方，而背风向的纤绳作用在下方，以致产生的荷载效应也就不同。具体计算时，可将作用在单位长度纤绳上的风载分量（在纤绳与杆身组成的垂面内，垂直于纤绳弦的分量），作用在纤绳上方的迎风向取"+"号，作用在纤绳下方的背风向取"-"号。

23. 三方纤绳桅杆最大位移的作用风向

三方纤绳桅杆在不同方向的风载作用下所产生的风效应是不同的。苏联的 Г. А. 萨维茨基曾得出风向与纤绳平面夹角为 60°时的杆身节点位移要比 0°时大一倍的结论。因此，在工程设计计算中，杆身内力和纤绳拉力计算由 0°风向控制，节点水平位移计算则取 60°风向。但是，通过桅杆结构矩阵位移法的大量计算实例，表明水平位移也是由 0°风向控制的。因为按实际方向作用在三方纤绳上的风荷载，对纤绳的垂度和拉力的变化是不同的，使 60°风向的杆身节点变位曲线由正变负，降低了桅杆的位移值，这对于柔性结构的轻型桅杆和弹性支座连续梁来说，是符合实际工作状况的。

笔者计算的桅杆内力和水平位移均由 0°风向控制的边宽 1m 三方纤绳中波桅杆定型设计（见附录 2 边宽 1m 三方纤绳桅杆定型设计计算结果表），材料要比传统设计省一级，40 多年来，用于国内外大量工程，实践证明是安全、正确的。

其实，萨维茨基的结论及其节点位移图得自下式：

$$y = \frac{l}{E_k \cos\beta \cos(\varphi+\gamma)} \left(\sigma_1 - \frac{A_1}{\sigma_1^2} - B \right) \qquad (2-10)$$

式中，l ——纤绳跨长；

E_k ——纤绳的弹性模量；

β ——纤绳倾角；

φ ——作用风向与纤绳平面夹角；

γ ——节点水平荷载与水平位移夹角；

σ_1 ——纤绳 1 的应力；

A_1，B ——系数。

但是，这个节点位移公式是由独立的一层纤绳桅杆推得的，没有考虑诸节点变位的相互影响以及柔性纤绳受横向荷载、杆身受压屈轴向力所引起的非线性问题。萨维茨基的结论或许接近重型桅杆。

24. 纤绳节点水平变位与桅杆支座处的水平位移

在纤绳计算中，得到的纤绳节点水平位移（变位），用来计算杆身计算中的支座刚度。在杆身计算中（弹性支座连续梁法），得出的桅杆支座处的水平位移，即为桅杆杆身的节点位移。两者出入不大。

25. 桅杆纤绳计算风向应与原计算公式一致

在设计说明书上，为了说明桅杆纤绳的计算风向，设计人员采用图示表明，但是，表示的计算风向往往与原推导的计算公式不一致。推导的计算公式，假定的风向与纤绳1平面成 φ 角，$\varphi = 0°$ 的风向即为顺纤绳1的方向，则三方纤绳的桅杆，$\varphi = 60°$ 便为2风向；四方纤绳的桅杆，$\varphi = 45°$ 为2风向。说明书上的风向，把1、2风向给颠倒了。其实，风向的规定是相对的，而相应的计算公式不能颠倒。

26. 天线支持桅杆上的任何连接构造均由桅杆结构承受

天线支持桅杆上的任何连接构造，不论是直接连接，抑或是间接连接，只要是连在桅杆上的，都由桅杆结构承受。如长波天线的支持桅杆，不仅直接挂有大吊线，还有与大吊线相连的重锤，重锤又与地面上的卷扬机相连，有人就认为重锤由卷扬机控制，其重量就由卷扬机承受，忘了与重锤相连的定滑轮挂在桅杆上，直接挂有重锤定滑轮的桅杆，要承受两倍的重锤重量；与大吊线相连的另一端桅杆的相应纤绳仍要承受大吊线的张力，而大吊线的张力又与重锤重量有关。

【案例 1】

　　山西某长波台的支持桅杆如文中所述，由于有关人员结构概念不清，因此很难解决工程上出现的问题。

27. 桅杆纤绳在风载和自重作用下对杆身的水平和垂直压力计算

　　桅杆纤绳在风载和自重作用下对杆身的水平和垂直压力计算均应进行二次投影，如图 2-5 和图 2-6 所示。

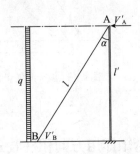

图 2-5　风载作用下的水平压力

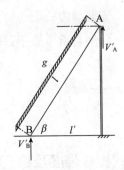

图 2-6　自重作用下的垂直压力

纤绳在风载作用下上端对杆身的水平压力：

$$V_A' = \frac{1}{2} q l' (1 + \sin^2 \alpha) \qquad (2\text{-}11)$$

式中，q ——风载；

　　　l' ——纤绳在杆身的投影长度；

　　　α ——纤绳上端与杆身夹角。

纤绳在自重作用下上端对杆身的垂直压力：

$$V_A' = \frac{1}{2} g l' (1 + \sin^2 \beta) \qquad (2\text{-}12)$$

式中，g ——纤绳自重；

　　　l' ——纤绳水平投影长度；

　　　β ——纤绳与地面倾角。

28. 桅杆纤绳安装长度计算

桅杆纤绳安装长度计算，其中由纤绳垂度所产生的增量，纤绳自重应取垂直于弦长的分量，否则会导致纤绳安装长度过长。

$$S = L + 8f^2/3L$$
$$= L + 8(g'L^2/8T_0)^2/3L$$
$$= L + g'^2L^3/24T_0^2 \qquad (2-13)$$

式中，L——弦长；

T_0——安装拉力；

g'——纤绳自重垂直于弦的分量：

$$g' = g\cos\alpha$$

其中，g——纤绳自重。

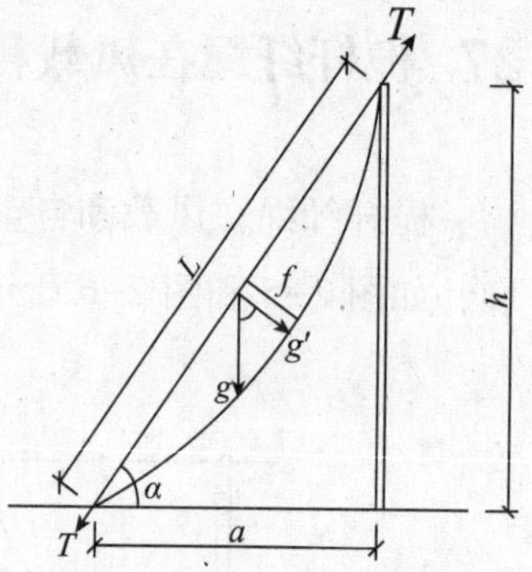

图 2-7   桅杆纤绳安装长度计算图

29. 格构式桅杆强度及稳定验算要注意弯矩作用方向和柱肢分布情况

格构式桅杆在风荷载作用下（均指 0° 风向）所产生的弯矩，通常跨间为正弯矩，支座处为负弯矩，因此，对截面柱肢的作用要视柱肢的分布情况。如截面为三角形的杆身，跨间正弯矩所产生的压应力由一根柱肢承受，而支座处负弯矩所产生的压应力则由两根柱肢承受，在工程计算中，内力图往往被省略，若不分跨间或支座处，取其中最大弯矩按一根柱肢进行验算，显然是不对的。此外，按跨间最大弯矩验算时，理应取相应截面的轴向力，但在实际计算中，有时也采用跨中平均值 N_{cp}；按支座弯矩验算时，应取支座下面的弯矩，但应减去偏心弯矩。

30. 拉线式桅杆构件强度验算

拉线式桅杆构件强度验算公式：

1) 跨间构件强度

$$\frac{N_{cp}}{A}+\frac{M_{max}}{W_1}\leqslant f \tag{2-14}$$

式中，N_{cp}——跨间轴心压力的平均值；

　　　M_{max}——跨间的最大弯矩；

　　　A——杆身净截面面积；

　　　W_1——杆身净截面模量（跨间正弯矩方向）。

2) 支座处构件强度

$$\frac{N_d}{A}+\frac{M_d}{W_2}\leqslant f \tag{2-15}$$

式中，N_d——桅杆支座下面的轴心压力；

　　　M_d——桅杆支座下面的弯矩，应减去支座弯矩 M_e；

　　　W_2——杆身净截面模量（支座处负弯矩方向，对于三角形截面杆件组合桅杆，$W_2=2W_1$）。

31. 拉线式桅杆分肢强度验算

拉线式桅杆分肢强度验算公式：

1) 跨间分肢强度

$$\frac{1}{A_1}\left(\frac{N_{cp}}{n}+N_{Mmax}\right)\leqslant f \tag{2-16}$$

式中，N_{cp}——跨间轴心压力的平均值；

　　　A_1——杆身分肢净截面面积；

　　N_{Mmax}——跨间最大弯矩产生的分肢压力；

　　　n——组成杆身的分肢数。

2) 支座处分肢强度

$$\frac{1}{A_1}\left(\frac{N_d}{n}+N_{M_d}\right)\leqslant f \tag{2-17}$$

式中，N_d——桅杆支座下面的轴心压力；

　　N_{M_d}——桅杆支座下面的弯矩（应减去支座弯矩 M_g）产生的分肢压力。

　　由于组成格构式桅杆构件的柱肢净截面面积实际上就是毛截面面积，因此，桅杆强度验算的应力值总是小于稳定性验算的应力值（考虑了受压构件的稳定系数），所以在通常情况下，只需要进行桅杆的局部稳定性验算，可以不进行桅杆构件和分肢的强度验算。

32. 拉线式桅杆的局部稳定性验算

　　格构式的拉线式桅杆结构，局部稳定性验算包括杆件分肢稳定性和跨间构件稳定性验算，后者也称跨间整体稳定性验算（有别于桅杆的整体稳定性计算）。但是，一座桅杆各跨的受力情况不可能一样，在同一跨内受力情况也有不同，有的截面弯矩最大，有的截面轴向力最大。因此，桅杆局部稳定性验算应按各跨分别进行，并在一个跨间内，应对弯矩最大截面和轴向力最大截面的两种情况进行验算，同时取相应截面的轴向力和弯矩值。局部稳定性验算时同强度验算一样，同样要注意弯矩作用方向和柱肢分布情况。

　　分肢稳定性应优于跨间构件稳定性，一般分肢长细比宜控制在 50~60 左右，以与强度验算应力接近，充分发挥材料的承载力。

33. 拉线式桅杆跨间稳定性的几种验算方法

　　由于拉线式桅杆计算采用的方法不同，桅杆跨间稳定性验算曾有以下几种方法：

　　1）近似法-简支梁法

　　假定桅杆纤绳结点为铰接，且将各跨横向风载换算为均布荷载，则各跨最大弯矩发生在跨中，即

$$M_0 = q_k l_k^2 / 8 \tag{2-18}$$

式中，q_k——均布荷载，$q_k = \beta A_k W_k$；

其中，β——风振系数，

A_k——挡风面积，

W_k——计算风压；

l_k——计算跨长。

作为压弯构件，考虑轴向力的影响，跨中最大弯矩应为：

$$M_{max} = A_u M_0 \qquad (2-19)$$

式中，$A_u = \dfrac{2(1-\cos u)}{u^2 \cos u}$；

其中，$u = \dfrac{1}{2} l_k \sqrt{N_k / EI}$，

N_k——杆身在该跨中的轴向力，

E——杆身纵向弹性模量，$E = 2.1 \times 10^5 \text{MPa}$，

I——杆身毛截面惯性矩。

则跨间的整体稳定性：

$$\sigma = \frac{N_k}{\varphi A} + \frac{M_{max}}{W} \leqslant [\sigma] \qquad (2-20)$$

式中，A——杆身毛截面面积；

W——杆身毛截面模量；

φ——轴心受压构件的稳定系数，由换算长细比（λ_0）确定。

在一个跨间内，尚需验算轴向力最大截面的整体稳定性：

$$\sigma = \frac{N_{max}}{\varphi A} + \frac{M}{W} \leqslant [\sigma] \qquad (2-21)$$

式中，N_{max}——最大轴向力；

M——相应于最大轴向力截面的弯矩。

简支梁法的最大缺点，丢失了通常发生在支座上的最大弯矩。但是，根据计算经验，对于轻型的小型桅杆，当杆身截面宽度与跨度长的比值较小（<1/25）和结点变位线接近直线时（相邻两跨间的相对偏角<1/400），按简支梁计算所得的最大跨中弯矩，略大于按弹性支座连续梁计算所得的支座弯矩。因此，用简支

梁法计算时，应适当调整纤绳初应力，使结点变位连线为连续的光滑曲线。

其实，纤绳节点支座处无需进行跨间稳定性验算，但是，需要进行杆件单肢稳定性验算。不过，对于三角形格构式组合桅杆，在 $\varphi = 0°$ 风向（正对一方纤绳）作用下，支座处为负弯矩，两根柱肢受压，与跨中正弯矩一根柱肢受压，两者稳定性相差不大。

2）弹性支座连续梁法

用弹性支座连续梁法求得桅杆的支座弯矩 $M_{k-1,k}$ 后，即可求得跨间的最大弯矩：

$$M_{max} = \frac{M_{k-1,k}}{\cos(\alpha_k x)} + B\left[\frac{1-\cos(\alpha_k x)}{\cos(\alpha_k x)}\right] \tag{2-22}$$

式中，$\alpha_k = \sqrt{\dfrac{N_k}{EJ_{ok}}}$

其中，N_k——杆身的轴向力，可以用跨中平均值 N_{cp} 计，

J_{ok}——杆身截面的折算惯性矩，$J_{ok} = J \cdot \xi$，

ξ——考虑横向力对格构式杆身腹杆变形影响的刚度折减系数，

$\xi = \lambda / \lambda_0$，$\lambda$、$\lambda_0$ 分别为格构式杆身的长细比和杆身的换算长细比；

$B = \dfrac{q_k}{\alpha_k^2}$；

$M_{k-1,k}$——支座弯矩。

（2-22）式中 M_{max} 的位置 x 值，可用下式求得：

$$tg(\alpha_k x) = \frac{M_{k,k} + B - (M_{k-1,k} + B)\cos A}{(M_{k-1,k} + B)\sin A} \tag{2-23}$$

式中，$A = \alpha_k l_k$。

以上计算要注意支座弯矩的方向，一般计算结果以顺时针为正值，则用上述 M_{max} 公式计算时应以负值代入。

跨间的整体稳定性计算同（2-20）和（2-21）式。

也可用连梁法求得的支座弯矩 M_k、位移 Y_k 以及上下端的轴向力 N_k、均布荷载 q_k 等作用下，用简支梁法求出跨间 M_{max} 及其位置。

3）按格构式偏心受压构件计算跨间的整体稳定性（原《钢塔桅结构设计规程》GYJ1-84）

$$\sigma = \frac{N_{cp}}{\varphi_b A} \leqslant [\sigma] \tag{2-24}$$

式中，φ_b——格构式偏心受压构件在弯矩作用平面内的稳定系数，按换算长细比（λ_0）和偏心率查得。其中偏心率：

$$\varepsilon = \frac{M}{N_{cp}} \cdot \frac{A}{W_y} = \frac{M}{N} \cdot \frac{A \cdot x_0}{I_y} \tag{2-25}$$

其中，M——构件全长中间 1/3 长度范围内的最大弯矩，但不小于构件最大弯矩的一半，

　　　x_0——从 y 轴到压力最大肢的轴线间距离和至腹板间距离的较大者，

　　　I_y——对 y 轴的毛截面惯性矩；

　　　A——杆身毛截面面积。

4）按弯矩绕虚轴（x 轴）作用的格构式压弯构件计算（弯矩作用平面内，《钢结构设计规范》GB 50017—2003）

$$\frac{N}{\varphi_x A} + \frac{\beta_{mx} M_x}{W_{1x}\left(1 - \varphi_x \dfrac{N}{N'_{Ex}}\right)} \leqslant f \tag{2-26}$$

式中，N——所计算构件段范围内的轴心压力；

　　　A——杆身构件毛截面面积；

　　　φ_x——弯矩作用平面内的轴心受压构件稳定系数，由换算长细比（λ_0）确定；

　　　β_{mx}——等效弯矩系数，通常情况，$\beta_{mx}=1$；

　　　M_x——所计算构件段范围内的最大弯矩；

　　　$W_{1x}=I_x/y_0$，

其中，I_x——对 x 轴的毛截面惯性矩，

　　　y_0——由 x 轴到压力较大分肢的轴线距离或者到压力较大分肢腹板外边缘的距离，两者取较大者；

　　　N'_{Ex}——参数，$N'_{Ex} = \pi^2 EA(1.1\lambda_{0x}^2)$

其中，λ_{0x}——整个构件对 x 轴的换算长细比。

弯矩作用平面外的跨间整体稳定性可以不计算，但应计算分肢的稳定性。

34. 拉线式桅杆分肢稳定性的验算

桅杆杆身分肢稳定性应对跨间和支座处分别进行验算，在验算时应明确在弯矩作用下的实际受压的分肢数。一般桅杆跨间为正弯矩，支座处为负弯矩，对于杆身为常用的圆钢组合的三角形截面，跨间 1 根单肢受压，而支座处受压的单肢数则为 2 根。下面为常用的三角形截面圆钢组合桅杆单肢稳定性验算公式：

1）跨间分肢稳定性

$$\sigma_{\omega} = \frac{1}{\varphi_1 A_1}\left(\frac{N_{cp}}{n} + \frac{M_{max}}{h}\right) \leqslant f \tag{2-27}$$

式中，N_{cp}——跨间轴心压力的平均值；

$\quad\quad A_1$——杆身分肢毛截面面积；

$\quad\quad \varphi_1$——分肢轴心受压稳定系数；

$\quad\quad M_{max}$——跨间的最大弯矩；

$\quad\quad n$——组成杆身的分肢数；

$\quad\quad h$——杆身在弯矩作用方向的分肢间距离。

2）支座处分肢稳定性

$$\sigma_{b} = \frac{1}{\varphi_1 A_1}\left(\frac{N_d}{n} + \frac{M_d}{2h}\right) \leqslant f \tag{2-28}$$

式中，N_d——桅杆支座下面的轴心压力；

$\quad\quad M_d$——桅杆支座下面的弯矩，应减去支座弯矩 M_g。

35. 桅杆结构的整体稳定性计算

《高耸结构设计规范》GB 50135—2006 规定："桅杆按杆身分肢屈曲临界力计算的整体稳定安全系数不应低于 2.0。"

这一条规定包含了三层意思：一是桅杆结构的整体稳定性计算不是极限承载力的计算；二是桅杆结构的整体稳定还停留在分肢屈曲计算阶段；三是桅杆整体

稳定安全系数不应低于 2.0。

至今桅杆结构的整体稳定性计算，可采用三种方法：第一种是求杆身的临界力；第二种是求节点的极限位移；第三种是全过程位移跟踪法。采用求杆身临界力的方法，适用于弹性支座连续梁计算模型，有精确法、铰链法、平均参数法和初参数法等。采用求极限位移法，并不限于弹性支座连续梁计算模型，也适用于杆身为压弯构件的矩阵位移法以及杆身为空间桁架的有限单元法等计算模型。《钢塔桅结构设计规范》GY 5001—2004，计算桅杆的整体稳定方法，属于求节点的极限位移法，无需规定："将桅杆视为弹性支座上的连续压弯杆件进行计算"。

桅杆结构的整体稳定性计算，在实际应用中，通常采用近似法，如铰链法和平均参数法。铰链法由于需要进行复杂的系数计算和解高次方程，适用于四层纤绳以下的桅杆稳定计算，对于纤绳层数较多的桅杆，可采用进一步简化的平均参数法，但误差较大，应用条件是桅杆必须是轻型的，纤绳必须是多层的，必要时应按式（2-29）计算每跨的稳定临界荷载系数：

$$K_k = \frac{\nu_k}{\dfrac{N_k}{l_k} + \dfrac{N_{k+1}}{l_{k+1}}} \geqslant [K] \qquad (2-29)$$

式中，ν_k——支座刚度；

　　　N_k——轴向力；

　　　l_k——跨长。

桅杆的整体稳定安全系数不应低于 2.0，荷载与作用为标准值。

36. 拉线式桅杆不宜采用有限元计算方法

拉线式桅杆的纤绳属于柔索结构，采用有限元分析，仅取纤绳两端为节点，使纤绳成为刚性杆件，即使把纤绳截成几段，杆件之间假设为铰接，也有别于柔索理论，反映不了拉线式桅杆结构在动风作用下的非线性特性和受力性能，采用有限元分析编制的拉线式桅杆计算程序，计算结果要斟酌、对比。

37. 高强度钢材对由稳定控制的塔桅结构不经济

高强度钢材，如 Q345 钢（16Mn 钢），可节省钢材 20%~30%，但对稳定、变形或由长细比控制的塔桅结构构件是不经济的，宜用 Q235 钢（类似 3 号钢）。虽然塔桅结构一般用的是管材 20 号钢，但其强度设计值是参照 Q235 钢采用的。

38. 纤绳钢丝绳

用于桅杆纤绳的钢丝绳，较早的国家标准为《圆股钢丝绳》GB 1102—74，以后相继版本为《优质钢丝绳》GB 8918—88、《钢丝绳》GB/T 8918—1996 和《一般用途钢丝绳》GB/T 20118—2006（代替 GB/T 8918—1996 相应部分），此外，尚有《重要用途钢丝绳》GB 8918—2006 等。以前把单股钢丝绳称为钢绞线（钢丝绳结构 1×7、1×9 及 1×37），另列标准，现标准统称为钢丝绳。

现行版本与以前标准的区别在于钢丝绳的承载力的含义不同。如 1974 年版《圆股钢丝绳》所列的是"钢丝破断拉力总和"，现行版所列则为"钢丝绳最小破断拉力"。前者要乘上换算系数（扭绞系数），才是钢丝绳破断拉力，后者已乘了换算系数，可以直接采用。后者表下所注"最小钢丝破断拉力总和"是供钢丝抗拉试验采用的。

钢丝绳破断拉力是容许值，不是设计值。安全系数不应低于 2.5。

39. 带有电梯井道的塔架计算

井道对整个塔架的风振效应的影响，在塔架抗风设计计算中，通常采用两种简化方法：一是当井道截面刚度远小于塔架刚度时（包括用于架设爬梯和电缆的井架或中心桅杆），假设井道完全依附于塔架上，将井道各段的挡风面积和质量分配到与塔架连接的相应的质点上，不计井道的截面刚度；另一是当井道具有较大截面刚度（如容纳多部电梯，附有走梯），具有较大质量时，井道对塔架可能起到一种阻尼或相互制约作用，这时考虑井道的截面刚度，也就是增加塔架相应质点的截面刚度。但是，在计算塔架杆件内力时，前者应减去井道重量，后者应对塔架与井道进行外力分配，分别计算。

40. 塔桅结构的水平位移限值

塔桅结构在以风荷载为主的标准组合下，水平位移限值通常规定为高度的1%，应该指结构的主体部分，不包括结构顶部的柔性桅杆段。《高耸结构设计规范》GB 50135—2006 则规定，自立塔按线性分析时为 1/75，按非线性分析时为1/50。后者是考虑到高耸结构的某些行业实际正常使用条件限制较宽，如输电塔行业规程可以不做变形计算，限定变形的目的只是为了限定非线性变形对结构的不利作用，因此，按非线性分析方法计算的高耸结构放宽了变形限制条件。当然，变形的前提必须满足使用工艺要求。

41. 钢材应力超值惯例不适合于极限状态设计方法

按过去钢结构计算惯例，钢材的应力值可以超过容许应力的5%（合理不合法），这是因为容许应力中有隐含安全系数，如 3 号钢含 1.41~1.55 安全系数，16 锰钢含 1.42~1.48 安全系数。在塔桅钢结构设计中，有的荷载组合甚至可将容许应力值提高 10%~25%，并不是没有根据。但是，采用现行的《钢结构设计规范》GB 50017—2003 按承载能力极限状态设计方法，这种隐含安全系数几乎没有，Q235 钢仅为 1.09~1.15，Q345 钢为 1.11~1.17。因此，采用极限状态设计方法，构件应力超过钢材强度设计值的 5%，含义非同过去，如果超过 10%，就进入屈曲状态（屈服点 235N/mm^2）。也可以说，现行规范提高了设计标准，但是降低了安全储备。所以，钢结构计算按承载能力极限状态设计方法必须满足现行钢结构设计规范所规定的钢材强度设计值。

在此，还必须强调，通常规范所规定的设计值都是最低限值，作为工程设计人员要考虑一定的安全储备。

【案例1】

某鉴定单位提交的《大连广播电视发射塔亮化工程安全性鉴定报告》中的安全性鉴定结论，首先肯定电视塔的现状和增设 LED 亮化设施后结构都是安全的，然后提出现状有 2 根构件应力超出设计值的 4%，增设 LED 后超应力杆件数 64 根，最大超过 6%，"尚没有超过屈服应力 $235N/mm^2$"，最后结论"尚在安全范围内"。这种结论显然不妥。

【案例2】

华能电力公司南京发电厂双座高 240m 钢烟囱，钢材采用露点钢（钢材强度设计值同 Q345 钢），计算设计值竟然超过 $600N/mm^2$，而且已经施工，经指出后，设计方拟进行局部加强后再进行验算。

42. 埃菲尔效应

风荷载沿塔架高度的分布、作用方向，甚至大小具有随机性，而有关计算公式并未反映这种复杂变化，实际上塔架中某些斜杆内力很可能会大大超过按一般计算方法所得的数值，有人称这一现象为"埃菲尔效应"。为避免在实际工作状态下内力不稳定而造成破坏，就要控制计算结果中斜杆的"最小内力"。《高耸结构设计规范》GB 50135—2006 对四边形斜杆内力采取了相应对策。

43. 自立塔下部荷载对上部结构的影响

认为自立塔下部塔架荷载增减抑或构件规格变化对上部塔架杆件的内力没有

影响的看法是不对的（除结构自重外），其实这与计算方法有关。用分层空间桁架法或简化空间桁架法计算时，由于采用了平面假定，忽略了各层杆件之间变形协调的影响，因此塔架下部的荷载不会在塔架上部的杆件中产生任何内力。但是，用整体空间桁架法计算塔架时，塔架下部的荷载就会在塔架上部的杆件中产生一定的内力，因为整体空间桁架法没有采用平面假定。因此，当下部塔架增加荷载或加大下部塔架构件规格时（受风面积增加），应该核算上部塔架杆件的承载力。

44. 塔楼舒适度

塔楼舒适度是指自立塔塔楼在大风作用下所产生的振动加速度的限值。各个国家限值的规定不尽相同，如美国为 $225mm/s^2$，英国为 $235mm/s^2$，法国为 $245mm/s^2$。《钢塔桅结构设计规范》GY 5001—2004 规定，在常用可变荷载的频遇组合下，"不宜大于 $250mm/s^2$"；而《高耸结构设计规范》GB 50135—2006 则规定，在风荷载的动力作用下，"不应大于 $200mm/s^2$"。两者相差较大。

塔楼振动加速度不大于 $200mm/s^2$，虽然提高了塔楼的舒适度，但在结构计算中较难满足，当然可以提高结构刚度，尽可能满足使用要求，可是，这样处理结果必将增加材料用量和造价，而且也只能适应于某一确定的荷载。因此，若有条件可以采取结构振动的控制措施，如采用主动调频质量阻尼器（AMD）或被动调频质量阻尼器（TMD）等。否则，对于旅游观光的塔楼只能规定超过哪级风就得停止游客上塔了。

【案例 1】

乌鲁木齐微波塔总高 82.5m，其中，钢筋混凝土筒体为 62.5m，截面直径 6.2m，在标高 53.0m 处设有圆锥形塔楼；楼顶上为钢塔，高 20m。据塔楼机房值班人员反应，在大风季节，塔身摆动强烈，吊在房顶上的日光灯摆幅 10cm，每班工作只能坚持 2 小时。（塔身产生摆动强烈原因，参见"三、构造"部分：钢筋混凝土筒形塔风振效应及构造措施。）

【案例2】

澳大利亚悉尼（Sydney）电视塔（图2-8），是一座建在16层大楼顶上的预应力钢索斜拉塔，总高度为 324.8m（塔高250.4m），由中间直径为 6.7m 的筒体和周围两组以反向斜交的28 根拉索组成的结构，筒体上部筑有 9 层塔楼。为了提高结构的有效阻尼，降低塔楼的振动加速度，将靠近塔楼顶部的水箱设为调频质量阻尼器（TMD），水箱深 2.1m，半径为 2.1m，重量达 180t，悬挂在 10m 长的钢索上。为了耗散塔与水箱之间相对运动产生的能量，又安装了 8 个冲击隔振器。此外，在塔的中部

图2-8　澳大利亚悉尼（Sydney）电视塔

还安装了第二级 TMD，质量 40t，主要用于增加第二振型的阻尼。这是世界上第一个在塔的顶部安装大型 TMD 以减振的构筑物（1971 年）。1980 年进行测试，在两个不同高度安装了两台加速度计，获得了实际的第一、第二自振频率，将测得的加速度功率谱经过相关分析，由响应相关函数的衰减确定了水箱 TMD 对第一振型的阻尼有显著的增加，特别是第二级 TMD 对第二振型的阻尼增加较多。

【案例3】

阿拉伯联合酋长国迪拜市海中人工岛上，世界著名的七星级酒店钢结构塔、英国爱丁堡空中交通指挥塔以及卡塔尔多哈亚运会火炬塔等，都对水平向振动采用了不同调谐质量的悬吊摆加黏滞阻尼器的 TMD，在

风力的激振下，抑制了固有频率的振幅。

【案例 4】

国内深圳梧桐山电视塔，高 198m，7 层塔楼，天线桅杆段长度117.5m，也采取了减振措施，在桅杆底部安装了三套 TMD，以减少桅杆的动风效应，降低塔楼的振动加速度。

45. 计算桅杆纤绳水平距离均假设场地为水平面的风险

桅杆纤绳长度的计算取决于基础至地锚的水平距离，而纤绳的水平距离又是保证桅杆各层诸方纤绳的倾角是否相等的必要条件。如果桅杆各方纤绳倾角不一致，就会影响纤绳内力、节点水平位移、节点刚度以及对杆身的轴向力，也就不能保证桅杆的整体稳定性。平坦的建筑场地，只要做到各方纤绳水平距离相等，也就满足了要求，但是实际上桅杆纤绳所占场址较大，不可能都是理想的水平面，尤其复杂的地形更不易确定纤绳地锚的准确位置。如果水平距离计算不确切，甚至一律简化假设为水平面，就会造成各层纤绳同一节点不同方向的受力、位移都不一致，所有纤绳地锚拉杆倾角面目全非，这对于具有非线性特征的桅杆结构的整体空间作用极为不利，就会导致桅杆的整体失稳。

有一种"考虑空间作用三向坐标法"不考虑地形变化、同层纤绳倾角不等的桅杆计算方法，显然是不符合桅杆结构的稳定体系，同层纤绳初拉力不等，安装、维护无法控制，节点变形不协调，位移曲线不收敛，整体稳定无法保证。

【案例 1】

20 世纪 80 年代末，建在云南省能山县山坡上的一座中波桅杆，设计人员图方便，人为假设场地为水平面，造成三方纤绳的倾角大小不一，建立后不久，于 20 世纪 90 年代初，稍遇大风，就导致整体失稳而倒垮。事后推说灾害性破坏，但是所遇风载并没有超过设计值，可见外因总是通过内因才起作用。

46. 场地呈线性坡度的桅杆纤绳水平距离计算

对于高差较大的山坡场地，如果处在纤绳方位的坡度的斜率不变，或者接近线性关系，只要测得该方位某点与桅杆基础的高差和相应距离，就可以得出在这个方向的各层纤绳的实际水平距离。表 2-1 即为三种常用纤绳倾角的实际水平距离计算公式。

场地呈线性坡度的桅杆纤绳水平距离计算公式   表 2-1

纤绳倾角 β	实际高差 ΔH	实际水平距离 a
45°	$H/(s/\Delta h \pm 1)$	$H-(\pm\Delta H)$
50°	$0.84H/(s/\Delta h \pm 0.84)$	$0.84\left[H-(\pm\Delta H)\right]$
55°	$0.7H/(s/\Delta h \pm 0.7)$	$0.7\left[H-(\pm\Delta H)\right]$

表内式中，H 为桅杆纤绳节点高度；

Δh 为在纤绳方位某实测点与桅杆基础地面的高差；

s 为在纤绳方位某实测点与桅杆基础中心之间的距离。

"–"号用于低坡处，"+"号用于高坡处，Δh 取绝对值。

47. 复杂地形的桅杆纤绳水平距离计算[*]

一般山地场址，地形起伏变化较大，各点高差并不成线性关系，如断坎、梯田等，用以上公式计算纤绳的水平距离就会产生误差，尤其较高的中波桅杆，就不能采用。对于这种情况，可以根据地形图采用逐次渐近方法进行计算。

用逐次渐近方法计算纤绳水平距离的步骤（见图 2-9）：

（1）以桅杆基础地面的高程 H_0 作为水平面，求出基础中心至纤绳地锚处的

* 本题的笔者原文刊登于广电设计院《广播电视工程设计文集》2001 年，第 7 辑，后被人窃取发表于《安徽建筑》2014 年 12 月第 6 期。

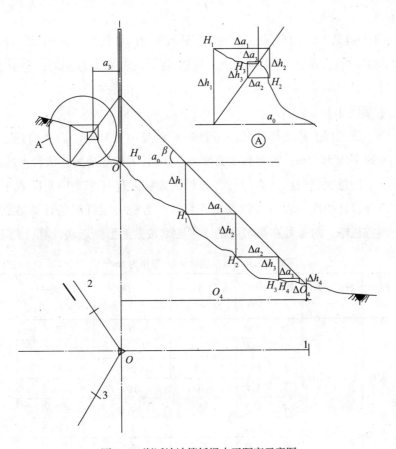

图 2-9 渐近法计算纤绳水平距离示意图

水平距离 a_0；

（2）用比例尺在地形图上量得 a_0 处的高程 H_1，得到 $\Delta h_1 = H_1 - H_0$；

（3）由 Δh_1 算出水平距离增量 Δa_1；

（4）由 $a_1 = a_0 + \Delta a_1$，在地形图上量得高程 H_2，得到 $\Delta h_2 = H_2 - H_1$；

（5）再由 Δh_2 算出水平距离增量 Δa_2；

（6）由 $a_2 = a_1 + \Delta a_2$，在地形图上量得高程 H_3，得到 $\Delta h_3 = H_3 - H_2$；

依次计算下去直至高差 $\Delta h_n = 0$，便可得到 $a_n = \Sigma a_i$，即为所求的实际水平距离。

用以上逐次渐近法计算次数，一般不会超过 5 次便可收敛，如果采用列表方式计算就很简捷。对于较高的桅杆和复杂的场地，若采用 1/500 地形图就能得到精确的结果。

由图2-9可见，处于低坡处的纤绳水平距离呈台阶形收敛，处于高坡处的水平距离则呈萦迴状收敛，其中心便是所求点，只是最后的水平距离为各次距离的代数和。

【案例1】

某工程天线支持桅杆，高150m，杆身边宽1.5m，三方纤绳，杆身绳间跨距均为50m，基础离地高度为0.5m，天线场地为起伏较大的山坡。

用逐次渐近法计算桅杆各方纤绳地锚距桅杆基础的实际水平距离和纤绳设计长度。表2-2仅列出桅杆一个方位三层纤绳的计算数据，其余两方从略。对于处在高坡处的水平距离按萦迴形渐近法计算，此不赘列。

纤绳水平距离及长度计算（单位为m）　　　　　表 2-2

方位	层次	倾角 β	修正系数 f/k	次数 i	高程 H_i	高差 $\Delta h_i = H_i - H_{i-1}$	水平距增量 $\Delta a_i = -f \cdot \Delta h_i$	水平距 $a_i = a_{i-1} + \Delta a_i$	绳长 $l = a_n/k$
1	1	450	1.0/0.707	0	200	0	0	50.5	167.6
				1	166	−34	34	84.5	
				2	148	−18	18	102.5	
				3	138	−10	10	112.5	
				4	133	−5	5	117.5	
				5	132	−1	1	118.5	
	2	500	0.84/0.64	0	200	0	0	84.4	251.3
				1	150	−50	42.0	126.4	
				2	128	−22	18.5	144.9	
				3	115	−13	10.9	155.8	
				4	110	−5	4.2	160.0	
				5	109	−1	0.8	160.8	
	3	550	0.7/0.57	0	200	0	0	105.4	301.6
				1	138	−62	43.4	148.8	
				2	113	−25	17.5	166.3	
				3	108	−5	3.5	169.8	
				4	105	−3	2.1	171.9	
				5	105	−1	0.7	172.6	

……　　　　　　……　　　　　　……

从计算结果可见，若假设场地为水平面，则水平距离要相差 67.2m～76.4m；若按 a_0 处的高程修正一次（即为 a_1），水平距离也要相差 23.1m～34.4m，而且都不是纤绳地锚的实际位置，最后都导致纤绳倾角增大，前者倾角分别为 59.14°、60.72°、63.62°，后者分别为 50.49°、53.76°、57.93°，与设计倾角 45°、50°、55°比较，面目全非，有悖于地锚施工精度允许拉杆倾角−2°的设计要求。至于纤绳施工长度就差得更大了，给安装造成困难，更严重的后果将使桅杆整体失稳。

【案例2】

深圳 365m 高的气象桅杆，建筑场地高差大，为减少购地，没有调整纤绳的水平距离，而是采取同层节点纤绳地锚平均高度的方法，将低处的地锚抬高，造成安装不易，维护困难。

48. 重力式地锚计算

图 2-10 为重力式地锚计算示意图，其中（a）为通常的地锚埋设形式，即地锚的上部出地面；（b）为地锚埋于地下，两者的计算方法是不同的。

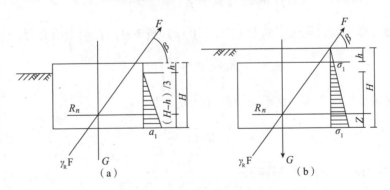

图 2-10　重力式地锚计算

重力式地锚抗拔：

$$F\sin\beta \leqslant \frac{G}{\gamma_{R1}} \tag{2-30}$$

式中，F——纤绳拉力；

　　β——纤绳倾角；

　　G——地锚重力；

　　γ_{R1}——地锚抗拔稳定系数，可取 1.2。

重力式地锚抗滑：

$$F\cos\beta \leqslant \frac{bE_P}{\gamma_{R2}} - bE_a \qquad (2-31)$$

式中，bE_P——地锚的被动土压力（采用库仑理论计算）

$$bE_P = \frac{1}{2}\gamma H^2 b \mathrm{tg}^2\left(45°+\frac{\varphi}{2}\right) \qquad (2-32)$$

其中，H——地锚高度，

　　γ——地基土重度，

　　φ——地基土内摩擦角，

　　b——受地锚土压力作用的地锚侧面宽度；

　　γ_{R2}——地锚抗滑稳定系数，可取 1.2；

　　bE_a——地锚的主动土压力

$$bE_a = \frac{1}{2}\gamma H^2 b \mathrm{tg}^2\left(45°-\frac{\varphi}{2}\right) \qquad (2-33)$$

若地锚埋于建设场地下面 h（图 2-10b），则地锚的被动土压力为：

$$bE_P = \frac{1}{2}\gamma b \mathrm{tg}^2\left(45°+\frac{\varphi}{2}\right)(H^2-h^2) \qquad (2-34)$$

此时被动土压力作用点距地锚底面距离（重心）：

$$Z = \frac{1}{3}(H-h)\frac{2\sigma_1+\sigma_2}{\sigma_1+\sigma_2} \qquad (2-35)$$

由（2-30）式可得地锚体积：

$$V = F\sin\beta \cdot \gamma_{R1}/\gamma_F \qquad (2-36)$$

式中，γ_F——地锚混凝土重度，可取 24kN/m³（毛石混凝土），若有地下水，可取 14kN/m³。

在地锚计算中，地基土的抗剪强度指标，若业主提供不了，可参考附录 6 黏

性土黏聚力 $c(\mathrm{kN/m^2})$ 和内摩擦角 $\varphi(°)$ 以及砂类土的内摩擦角 $\varphi(°)$。

49. 基础的锚栓长度与混凝土的粘结强度

基础锚栓埋入混凝土中的长度，一般取锚栓直径的 25 倍。锚栓与混凝土的黏结强度抗拔力随埋深呈非线性减弱，埋深过长的锚栓发挥不了作用。在设计中，锚栓按直径（净面积）控制。

钢筋与普通混凝土间的黏着力通常为 $\tau = 250 \sim 400\mathrm{MPa}$，尚与混凝土含水量、钢筋形状及钢筋长度等有关。

50. 锚杆基础中的单根锚杆抗拔承载力

锚杆基础中的单根锚杆抗拔承载力特征值，按《建筑地基基础设计规范》 GB 50007—2011 规定，应通过现场试验确定。因为锚杆抗拔承载力决定于砂浆与岩石间的粘结强度特征值，所以它的埋深长度就需要通过计算确定，并且要求埋深长度大于锚杆直径的 40 倍。设计时可先按下式计算：

$$R_{\mathrm{t}} \leqslant 0.8\pi d_1 lf \tag{2-37}$$

式中，d_1——锚杆孔直径；

　　　l——锚杆的有效锚固长度；

　　　f——砂浆与岩石间的黏结强度特征值，可按表 2-3 选用。

砂浆与岩石间的黏结强度特征值 f（MPa）　　　　　　　表 2-3

岩石坚硬程度	软岩	较软岩	硬质岩
黏结强度	<0.2	0.2~0.4	0.4~0.6

注：水泥砂浆强度为 30MPa。

【案例 1】

广西壮族自治区广电局大明山发射台，改建高 81.7m 电视塔，建塔场地受限制（约 9m×7m），且场内尚有国家测绘点（0.6m×0.6m）需要保护，经地质勘察，地质属微风化轻变质石英砂岩（地基承载力 $f_k = 70 \sim 75\mathrm{MPa}$），因地制宜，自立塔采用了长方形 8.2m×6.2m 环状（内环 5.8m×3.8m）的岩石锚杆基础。共采用 320 根规格为热轧带肋钢筋 30mm×3000mm@300mm 的锚杆。单根锚杆抗拔承载力特征值 $R_t = 135.72\mathrm{kN}$（此为计算值，尚需现场试验），单根锚杆所能承受的拔力值 $N_{ti} = 61\mathrm{kN}$，水泥砂浆强度 > 30MPa，细石混凝土强度>C30。2002 年 10 月建成，经受了 2008 年初广西特大冰雪灾害的考验。

51. 钢筋混凝土筒形塔体不必验算共振产生的惯性力

在理论上，钢筋混凝土圆筒形塔体如果在一定的风速（临界风速）下，当雷诺数（Reynolds number）Re>3.5×10⁶时（跨临界范围），特别是旋涡周期性脱落的频率与塔体结构的自振频率一致时，将对塔体产生比静力作用大几十倍的共振响应。因此，在苏联规范中，曾规定这种圆筒形的高塔，除了应考虑阵风作用的风压静力计算外，还必须核算其共振所产生的惯性力。但是，德国对这类钢筋混凝土塔做过试验，测得比较高的阻尼系数（在空气动力安全度的计算中，阻尼对数减值可以采用 0.05），而且它随着挠度的增大而进一步提高，因此认为钢筋混凝土塔不会发生共振。这样也就没有必要验算因共振而产生的惯性力了。其实，在共振的情况下，阻尼力起重要作用，它与质点速度成正比，振幅衰减的很快，惯性力随之减小，对这类钢筋混凝土塔的强度不起控制作用。但是，对钢筋混凝土塔顶上的钢塔，应考虑共振安全，因圆钢或钢管结构的直径通常较小，其雷诺值大致低于 0.7×10⁶，阻尼系数在 0.01 左右。

52. 地震作用与风荷载对塔桅结构计算的影响

对于高耸构筑物的塔桅结构计算，通常由风荷载控制。根据计算经验，自立塔在 8 度地震（抗震设防烈度）作用下，所产生的三项力 M、N、Q 为基本风压 $0.50kN/m^2$ 作用下的 50% 以下，通常由基本风压 $0.60kN/m^2$ 控制。对于拉线式桅杆结构，抗震设防烈度尚可提高 1 度，即在 9 度地震作用下，仍由基本风压 $0.60kN/m^2$ 控制。其实，拉线式桅杆本身就是抗震结构的耗能形式。

【案例 1】

　　1976 年 7 月 28 日，唐山大地震，整个城市夷为平地，唯独一座拉线式中波桅杆屹然耸立。

53. 塔架复杂截面的外力分配

　　当塔架截面由较多柱肢组成时，柱肢受力大小与离平截面形心距离成正比，因此，要充分发挥构件的材料强度，使塔架整体结构达到等强度设计，在计算杆件内力前，对作用于每节间的三项外力（N、M、V）应进行适当分配。

【案例 1】

　　四川省德阳电视塔（图 2-11）横截面不规则，诸塔柱离截面中心距离不一，在计算杆件内力前，对作用于每层的三项外力（N、M、V）在各节点进行了如下分配。

　　由自重（包括设备重）所产生的轴向压力 N，按平截面假定，只有竖向位移，所以在不计斜杆力的条件下，塔柱的轴向压力与其截面积大小成正比。因此，各塔柱的轴向压力 N_i^N 按其截面积 A_i 对作用于塔架截面的总轴向压力进行分配，即

$$N_i^N = \frac{N}{A} \cdot A_i \tag{2-38}$$

　　对于弯矩 M 作用下的各塔柱轴向力 N_i^M（不计斜杆作用），按塔柱对塔架截面形心距离 a_x 和其截面积 A_i 进行分配，即

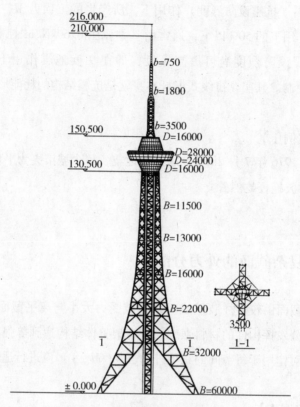

图 2-11 德阳电视塔结构简图

$$N_i^M = \frac{M}{w_a} \cdot A_i$$

$$= \frac{M}{J} \cdot a_x \cdot A_i \qquad (2\text{--}39)$$

则塔架截面某节点的竖向力 N_i 为

$$N_i = \pm N_i^M - N_i^N \qquad (2\text{--}40)$$

除塔架底部外，以上塔段都较直，切力 V 由计算塔面的腹杆承受，即由平行于 V 的塔腿的每一侧面承担。标高 110.0m 以下按塔腿主平面 $2/3V$、次平面 $1/3V$ 进行分配，即处于塔架两侧的塔腿主次平面的节点切力分别为

$$V_1 = \frac{2}{3}V \cdot \frac{1}{4} = \frac{1}{6}V \tag{2-41}$$

$$V_2 = \frac{1}{3}V \cdot \frac{1}{6} = \frac{1}{18}V \tag{2-42}$$

标高 110.0m 以上塔腿主次平面均按 $1/8V$ 进行分配。按 45°风向计算时，再将 V_i 分解为 x 和 y 方向的分力。

按上述方法计算结果，塔架所有杆件应力都比较接近，使截面不规则的塔架整体结构设计达到了预期的等强度效果。

第 3 章

构造

1. 塔架变坡处柱肢截面吻合条件

当塔架变坡柱肢轴线弯折时，塔柱之间不论是采用法兰盘连接，还是采用连接板连接（塔柱为角钢），抑或直接对接，连接面必须在上下塔柱轴线夹角（指向塔心的空间角）的平分线上（图 3-1a），以保证上下塔柱的法兰盘或柱肢断面准确吻合。

角钢柱肢之间的连接面也可采用（图 3-1b）的方法，即柱肢之间平分角的角度为一个柱肢面的倾角（平面角）。

当角钢上下柱肢面的倾角（平面角）分别为 β_1 和 β_2 时（图 3-1c），肢端间的夹角为：

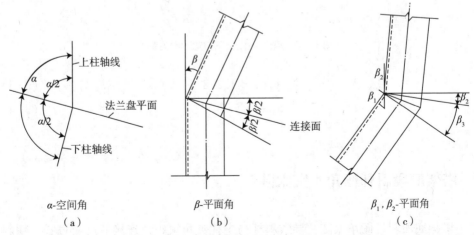

（a）α-空间角　　（b）β-平面角　　（c）β_1，β_2-平面角

图 3-1　塔架变坡处的连接面

$$\beta_3 = 90° - (\beta_2 + 90° - \beta_1) = \beta_1 - \beta_2 \tag{3-1}$$

上下肢接触面与水平线的夹角：

$$\beta_2 + \beta_3/2 = (\beta_1 + \beta_2)/2 \tag{3-2}$$

2. 塔架过渡段塔柱外倾现象

　　塔架由六边形或八边形过渡到四边形的塔柱有的发生外倾现象，原因在于过渡段上下边宽比例不当。通常上部四边形塔架的边宽由工艺要求确定的，因此在设计下面六边形或八边形塔架时，下面塔架顶部的边宽就受到一定的限制。由图 3-2 不难推得由六边形或八边形过渡到四边形的上下边宽比例关系：

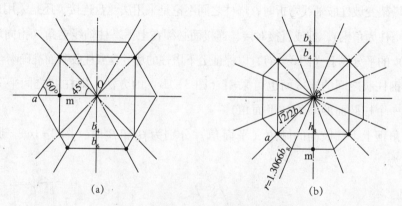

图 3-2　塔架过渡段上下边宽比例关系

$$b_4/b_6 \leqslant 1.268 \tag{3-3}$$

$$b_4/b_8 \leqslant 1.7071 \tag{3-4}$$

3. 塔架底段斜杆倾角不宜太陡

　　塔架底段斜杆倾角太陡，导致斜杆与主柱夹角很小，连接节点板过长，使斜杆端面至主柱的净距离以及节点板的自由边长度都不符合钢结构设计规范的有关规定，如果节点板厚度不够，就不能满足刚度要求而产生变形、失稳。

斜杆与主柱的设计夹角不宜小于 30°。

【案例 1】

河北冀州市广播电视塔高 168m，截面为六边形，钢管组合结构，底部外接圆直径 30m。于 1998 年建成后，发现底段主斜杆与主柱连接的节点板，有 3 块产生翘曲变形。

塔架底段高 22m，上下边宽分别为 8.8m 及 15m，刚性交叉斜杆，斜杆与主柱夹角为 19.926°。

原设计主斜杆 $\phi219\times8$，采用法兰盘连接 8M30/-24（法兰盘厚），但厂家制作时改为节点板连接，采用螺栓 4M36。由于斜杆与主柱夹角很小，连接的节点板长达 80 多厘米，而节点板厚度约为-14。因此，斜杆端面至主柱的净距离、斜杆与主柱的夹角以及节点板的自由边长度都不符合钢结构设计规范的有关规定，在风载作用下，受压斜杆的压力导致节点板因刚度不足而失稳变形。

鉴于该塔在验收时已经运行三年，节点板变形已经相对稳定，不宜采取有关补强等措施（曾有人建议）。因为增设加劲板，在施焊时的高温反而会加大变形程度，有一定的风险，并且破坏防腐镀锌层，因此万不得已不宜采用加肋补强方案。

防范此类事故，首先，厂家不能擅自更改结构设计，需要改变设计时必须取得设计方认可。其次，若采用节点板，一要满足节点板厚度，二要缩短节点板长度（保证力系汇交），或采用十字接头和十字节点板用角钢连接。第三，斜杆与主柱轴线之间的设计夹角应不小于 30°。

此外，即使采用法兰盘钢管接头，应该考虑主柱法兰盘的连接螺栓被支管接头所占数量。

4. 塔架过渡段的塔柱倾角不宜太小

塔架过渡段的塔柱倾角太小，会使交叉斜杆的交点过高，距顶端节点连接太短，影响节点构造，最好不宜小于50°。

塔架过渡段的塔柱倾角，决定于上下塔架的边宽和过渡段的高度，需要三者协调确定。

对于塔架顶部截面较窄的桅杆段与下部边宽相对较大的塔段连接，不一定采取过渡段的形式，也可以采用插入式。

5. 自立塔的塔楼和平台对顶部桅杆段的作用

用模拟计算方法，对自立塔进行风效应分析，发现塔搂、平台的设置，改变并降低了塔架及其桅杆结构风振的递增规律，同时发现自立塔的塔楼对顶部桅杆段的风振也有抑制作用。因此，桅杆段的长度可以比不设塔楼适当增加；细长的桅杆段底部也宜设置平台。

【案例1】

深圳梧桐山电视塔，高198m，天线桅杆段长度117.5m，杆顶位移不到2.0m，主要原因就是桅杆段底部设有7层塔楼，降低了塔架及桅杆结构风振的递增规律，并对顶部桅杆段的风振有抑制作用。

6. 塔架横膈的作用与设置

用整体空间桁架结构矩阵位移分析的计算方法，对塔架杆件内力和节点位移进行计算比较得出：

（1）自立塔架的横膈具有分配塔架节点内力的作用；

（2）自立塔架交叉斜杆按刚性设计时，一般可以不设横膈，当直线段较长时，其间宜设横膈；按柔性设计时，应该设置刚性横膈，且塔架底段斜腹杆体系也应按刚性设计；

（3）按刚性交叉斜杆设计的塔架变坡处相当于设置横膈的作用。

此外，如果米式斜杆在平面外的长细比不大，稳定系数不小的情况下，不一定都要设置横膈。在提高腹杆截面刚度所需用料要比设置横膈少的情况下，宁可不设横膈。因为塔架结构增设构件不仅增加用钢量，也增加设计、制造和安装等的工作量。

7. 人工调直受压杆件的变形无济于事

格构式桅杆偏心受压构件的单肢稳定性，通常由杆件长细比控制，而长细比主要与计算长度有关。因此，桅杆的斜腹杆在外力作用下不仅承受水平剪力和扭弯作用，同时起到减小主柱长细比、加强杆身刚度的作用。斜腹杆体系要视桅杆截面宽度、节间长度以及杆件性质而定。因受压杆件的长细比不满足而发生的失稳、变形采取人工矫正、调直等方法是无济于事的。

【案例 1】

广电总局 542 广播发射台，有一座高为 235m、边宽为 1.5m 的拉线式中波桅杆，截面为三角形格构式钢管组合结构，5 层纤绳，杆身设笼子，直径 d10m，由 15 根 ϕ9.0mm 铜包钢绞线组成。于 20 世纪 90 年代建成后，发现格构式杆身有一根柱肢发生弯曲，遂设法进行调直，但时隔不久，故态重现，这样反复几次，未能如愿以偿。最后归咎于三根柱肢制作精度不一，以后也就不了了之。但是，构造相同的桅杆在其他地方的几个发射台也发生了同样的情况。为此，笔者应委托对该座桅杆进行了结构核算。

该桅杆的格构式杆身单元节段长度为 5.7m，单斜杆体系，2 个节间，主柱规格为 ϕ159×14～ϕ159×10，斜腹杆为 ϕ57×5，柱肢端部设连接法兰盘（图3-3a）。

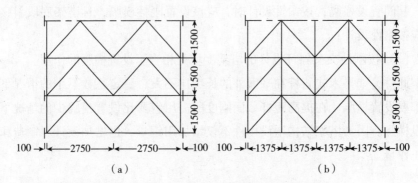

图3-3 $b=1.5\mathrm{m}$ 三角形截面桅杆腹杆布置轴线展开图

对桅杆结构的单肢和跨间的强度及稳定验算结果，第1、4跨单肢和跨间的稳定均超值20%。诚然，该桅杆柱肢弯曲现象是因偏心受压杆件计算长度过长而导致的失稳变形。

单斜杆式腹杆，用于边宽1.2m桅杆是可行的，但是，不经过计算盲目用于边宽1.5m桅杆，就导致偏心受压的主柱单肢过长、稳定性不够而产生压弯变形。这种变形靠人工调直的办法是无济于事的，治标不治本，调不胜调，后来增设了横杆（图3-3b），缩短了主柱的计算长度，经改进后的边宽1.5m桅杆定型设计，再用于工程，就消除了这种压弯现象，保证了结构的稳定性。

【案例2】

广电总局953广播发射台，中波天线拉线式双桅杆（带反射塔），高161m，采用边宽1.5m三角形截面格构式钢管组合结构（结构构造同案例1），3层纤绳，杆身带直径 $d12\mathrm{m}$ 的笼子，由18根 $\phi9.0\mathrm{mm}$ 铜包钢绞线组成，1997年底竣工。建成后，发现柱肢弯曲、截面扭转等现象，产生原因同前例（其实杆身结构同一设计），经检测，不得不于2016年拆卸加固，耗资达RMB250万元。

8. 控制格构式结构变形的腹杆布置原则

控制结构变形通常采用加大结构截面和材料规格，但是对于格构式结构并非唯一途径和最佳方法。从结构变位计算式：

$$Y_{KP} = \sum N_K N_P l / EA \qquad (3-5)$$

式中，N_K——单位力所产生的各杆件内力；

　　　　N_P——外力所产生的各杆件内力；

　　　　E——杆件材料的弹性模量；

　　A、l——分别为杆件截面积和轴线长度。

可见结构变位尚与各杆件内力有关，而杆件内力的大小与多少则取决于结构杆件布置。

例如图 3-4 所示，一榀平面桁架梁，跨中下弦 k 点受集中力 P，其中图（a）用上式可以得出 k 点的变位（挠度）为 $Y_{kP} = 7.328Pa/EA$（假设各杆件 EA 相同），现改变斜杆的布置方向为图（b），则得变位为 $Y_{kP} = 5.828Pa/EA$。图（b）比图（a）变位减小了 20%，原因：图（b）桁架比图（a）桁架，多了 3 根 0 杆，外力传递至支座的路线，减少了 2 根。因此，当桁架梁的变位（挠度）超出容许值时，不一定要加大材料规格，而首先应该考虑腹杆布置是否合理。

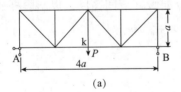

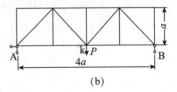

图 3-4　桁架梁计算简图

杆件布置要根据结构体系，荷载分布情况及性质等综合考虑。从上述例子可以得出控制桁架结构变形的腹杆布置原则：0 杆越多，刚度越大，变形越小；外力传递至支座的线路越短越好，力求简捷；杆件内力越小，变位越小。此外，杆件内力相差不宜太大。

【案例1】

广州著名高塔的顶部桅杆段，高100m，截面为8边形，采用格构式单斜杆体系（见图3-5），但腹杆布置不当，形成主柱计算长度长短相差2倍，诚然，这种结构杆件布置形式是不合理的，也就是说，主柱长细比相差2倍，按长者确定构件规格，不能充分发挥材料强度，导致主柱与腹杆规格相差悬殊，材料浪费；若按短者确定构件规格，则结构不安全。

图3-5　广州某塔顶部格构式桅杆的腹杆布置形式

9. 自立塔的腹杆布置

自立塔架腹杆体系的用钢量约占塔架主体结构总用钢量的40%以上。合理选择和设计腹杆体系不仅有益于经济效果，而且有利于塔架的受力性能和建筑美观。自立塔架腹杆布置要视塔架的宽度，合理分配腹杆节间高度，以斜腹杆的倾角在45°左右为宜，钢管组合塔架的腹杆形式以米式为佳。

10. 钢管组合塔架的米式腹杆 *

笔者于20世纪80年代初提倡的钢管组合塔架的米式腹杆，即将传统的交叉斜杆（图3-6a）的主横杆移至副横杆的位置，而省去了上下主横杆和副横杆

---

* 本题的笔者原文收集于广电设计院《广播电视工程设计文集》1997年，第3辑，后被人窃取发表于《山西建筑》2014年11月第33期。

（图 3-6b）。钢管组合塔架的米式腹杆体系，经近 40 年的工程实践，证明是一种经济合理、安全可靠的塔架结构方案。

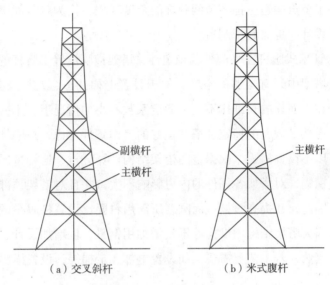

（a）交叉斜杆　　　　　　　（b）米式腹杆

图 3-6　自立塔架腹杆布置形式

米式腹杆实质上也是属于刚性交叉腹杆体系，其结构形式与传统的交叉斜杆差别，仅是主横杆的位置咫尺之差。但是，效益显著，主要具有以下几个特点：

（1）在未增设辅助杆的情况下，降低了塔架结构所有杆件的长细比，减小了杆件的截面积，既充分发挥了材料的强度作用，又减少了构筑物的挡风面积，因而大大降低了塔架的用钢量。

（2）在塔架坡度改变处省去了杆件。按传统结构和设计规范，塔面坡度改变处不仅需要设置横杆，而且必须设置横膈。根据整体空间桁架结构计算分析，对于刚性交叉斜杆塔架，其平截面突变处相当于设置横膈的作用。实践证明，塔架坡度改变处省去杆件后，仍能保证塔身平截面的稳定和塔柱良好的工作条件。因此，米式腹杆体系形式新颖而受力合理，结构简洁而不失稳固。

（3）横杆设在两根斜杆的交接处，便于安装构件。因为钢管结构的交叉斜杆，按传统构造，两根斜杆中必须有一根是分段的，在一根通长的斜杆上安装另一根分段的斜杆，高空作业比较困难。而米式腹杆可先安装通长的横杆，然后在水平的横杆上再安装分段的斜杆，这样高空操作或移动要安全和方便得多。

（4）在结构方案中，尚可将塔架各节间所有交叉斜杆均设计成正交90°，大大简化并统一了节点构造。把各节间斜杆的角度变化转换为各节间塔柱的线距变化，既方便了设计，也有利于制造。

（5）为保证米式腹杆在平面外的稳定性，塔架横膈设置于腹杆的交接处，这种横膈能保证塔架中间有足够的空间，便于设置电梯井道、走梯及其围护结构。如果刚性腹杆在平面外的长细比不大，稳定系数不小的情况下，不一定都要设置横膈。从保证塔架平截面的稳定和塔柱良好的工作条件考虑，按刚性交叉斜杆设计的塔架，可以不设置横膈。根据空间桁架结构计算分析，这种情况横膈内力很小，有无设置横膈，对塔架各杆件的内力影响不大，并且对塔架顶部的总位移的影响也较小。因此，在提高腹杆截面刚度所需用料要比设置横膈少的情况下，宁可不设横膈。因为塔架结构增设构件不仅增加用钢量，也增加设计、制造和安装等的工作量。当然，若工艺上需要，如设置电梯、走梯等，设置横膈，提供支承是必要的。

11. 塔架角钢组合结构不宜采用米式腹杆体系

塔架的米式腹杆体系是针对钢管腹杆设计的结构形式，对角钢结构体现不出它的优点，尤其塔架不高的情况，就不宜采用这种腹杆体系。角钢结构交叉斜杆通常可以正反交叉设置，无须截断，如果采用米式腹杆，交接处就要增加节点板，同时，为保证腹杆在平面外的稳定性，此处尚需增设横膈，这样，既增加了用料，又增加了挡风面积，还增加了结构负荷，结果，势必增加整个塔架的造价。如果采用米式腹杆的目的是为了减小杆件的长细比，但是由此增加的用钢量却超过增加杆长截面积所需的用料，那么就不如采用传统的交叉斜杆形式，或采用其他腹杆体系，否则就达不到预期的效果，至少不能称谓"最佳方案"。

12. 截面为四边形的塔架不应采用柔性交叉斜杆

截面为四边形的塔架在风荷载作用下几乎每层均有两交叉斜杆受压的情况，因此，若按柔性设计时，理论上两斜杆均退出工作，结构就不成立。

在七十年代以前，国内建有不少截面为四边形的柔性交叉斜杆自立塔，并未发生塔面变形、塔柱失稳的原因，除了结构本身为超静定体系进行内力重分配以及柔性斜杆施加一定的安装拉力等有利因素外，刚性横膈的设置起了很大的作用，保证了塔柱有较好的工作条件。此外，与计算原理和方法偏于保守也有关系。

但是，在平面桁架法中，两交叉斜杆有一根斜杆必须受拉的假定诚然是没有依据的。

13. 塔架角钢交叉斜杆间的垫块不可省

角钢有四种截面特性，交叉斜杆间若无约束，在轴向压力作用下角钢就以截面特性值最小的中性轴旋转，最小的回转半径，杆件的长细比也就最大。交叉斜杆间若加以垫块，角钢旋转就受到了约束，改为平行于肢边的中性轴，增加了截面特性值，加大了回转半径，杆件的长细比也就降低了。加垫块后，回转半径增加 55%，杆件的长细比降低了一半。

14. 自立式塔架为角钢柱肢的连接构造

塔架为角钢柱肢的连接构造，通常在柱肢内外设置角钢连接板，按柱肢强度和规范要求，确定连接螺栓的规格、数量、间距和连接板长度。但安装工人普遍反映，上下柱肢连接处的刚度不够，强度不足，感觉不安全。因此，对于高耸构筑物的自立式塔架，在设计角钢柱肢的连接构造时，应按螺栓规格、数量外，需要加大螺栓布置间距，加长柱肢连接板，以保证柱肢连接处的刚度。

附录3角钢上下柱肢连接构造，对不同规格的角钢柱肢连接长度做了修正。

15. 型钢构件应与连接螺栓匹配

采用型钢的构件，由于受型钢的边宽、型号限制，对连接螺栓的规线、排列和最大孔径做了相应的规定，有的设计人员只按强度计算要求配置螺栓，忽视了型钢规格和相应规定，导致构造不合理。如果螺栓满足不了要求，那么应另选型钢规格。

通常螺栓与型钢规格在强度上应该匹配。

【案例1】

大连电视塔高179m，网壳筒体结构，由日本日建株式会社设计，1990年建成。1997年因电梯井道内电缆着火遭受火灾，进行了局部修复。2005年油漆时发现顶部楼层有三处小梁（10#槽钢）与环梁连接的腹板螺孔出现开裂（图3-7）。天线桅杆段底部有12根斜撑支承在顶层小梁与环梁相连的端部节点上。10#槽钢的小梁腹板仅用一个M20螺栓与环梁上的一段小角钢单剪连接。显然，铰接节点不可能将小梁的径向力转变成环梁的环向力。因此，中间电梯井道及筒体因火灾高温而顶升桅杆时，桅杆支撑受拉，小梁受压；而火灾过后温度下降，筒体收缩，桅杆下沉，支撑受压，小梁受拉。而焊在环梁上的连接角钢，约束了连接螺栓，于是螺栓挤压受拉的小梁腹板，仅为5mm厚的10#槽钢腹板承压不够而开裂。10#槽钢腹板允许最大孔径为11mm，采用M20螺栓显然是不匹配的。与桅杆支撑相连的小梁不仅发生火灾时受到了间接影响，更与顶部桅杆的风效应直接有关，顶部桅杆受到的动风作用，对小梁不仅产生拉力，还产生疲劳效应，所以，小梁所采用的规格以及有关节点构造是存在一定问题的。

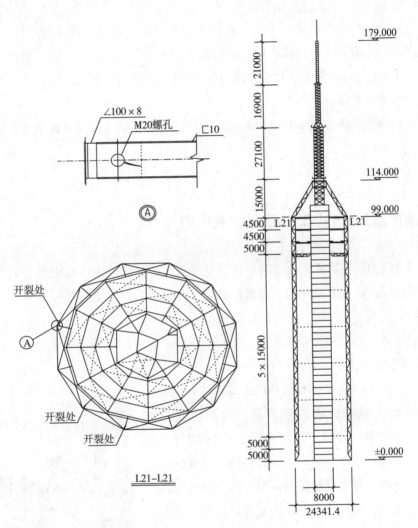

图 3-7 大连电视塔结构简图

16. 自立塔顶部插入式桅杆的受力分析

桅杆在塔架顶部作用有三向力 M、V 和 N，桅杆插入塔架长度 l，并被上下固定后，M 形成了力臂 $M = P \times l$。在桅杆插入段上面（塔架顶部）的水平力 $H = P + V$ 由水平连杆（梁）承受，下面水平力 P 由桅杆端部与交叉梁（此处塔架一般为四边形）连接的法兰盘螺栓承受。桅杆重量主要由吊杆直接传递给塔柱。因此，水平力的大小决定于桅杆插入塔架的长度 l，桅杆插入段上面与塔架顶部连接处宜设置平台（梁），以便有足够刚度克服 M 和 V 组成的水平力。作用在桅杆端部下面交叉梁上的弯矩并不大。

用结构力学的方法不难求出在三向力作用下桅杆插入段和下面交叉梁的实际弯矩图。

17. 组合腿的塔柱改变截面时的构造

组合腿的塔柱当截面改变时，不论仍采用组合腿的形式，抑或改为单肢，应设置过渡段，且上下截面的重心必须重合，以保证结构连续和力的传递，使结构受力均匀。

【案例 1】

2009 年，河北晋州广电局新建一座形似埃菲尔铁塔的电视塔，设计高度为 186.60m。7 月下旬安装期间，河北省某设计院应质检局委托来我处咨询，发现施工图组合腿的截面在 56m 处，向上突变为其中的一根单肢，当即答复设计有误，属危塔。次日傍晚，恰遇一场暴风雨，在 56m 处折断倒垮了（图 3-8）。承包人未按正常渠道进行施工设计，被判刑。

图 3-8 河北晋州塔折断倒垮现场

18. 塔靴作用

塔靴位于塔架和基础之间，起到"承上启下"的作用，便于塔基定位和塔架安装。因此，塔靴底板与基础骨架（锚栓）连接的设计螺孔较大（另设特制垫圈），便于调整塔靴方位，塔靴顶板和螺孔则与上部塔柱法兰盘配套连接。塔靴顶板（倾斜）中心与塔靴底板（平置）中心通常设计在一条垂线上，使塔架底部根开尺寸与塔架基础之间尺寸一致，避免发生施工差错。

如果塔架根开较大，塔柱水平剪力很大，则宜将基础柱设计成倾斜，与塔柱倾角一致，由基础联系梁承受水平剪力，这时塔靴顶板与底板平行，基础顶面中心之间与塔架根开才产生两个不同的尺寸（参考图 3-9）。

为便于设计和施工，塔架底部和基础顶面可以各自设为 0 标高，两者之间的高差即为塔靴高度，上下不受影响。

【案例 1】

有一厂家细化施工图，故意把原设计的塔靴顶板与底板的中心错开，使塔柱轴线通过底板的中心，虽然传力不无道理，但是塔靴上下中心产生了两个水平尺寸，容易发生施工差错，且把塔靴顶板与底板之间的加劲肋也设置成倾斜，使原为轴向受力的杆件变成了压弯杆件。

【案例 2】

也有设计没有塔靴，如湖北潜江电视塔，把塔柱直接搁在基础顶面上，底端法兰盘与锚栓连接，显然，给塔基定位和塔架安装带来不便。

19. 四边形塔架的基础骨架和法兰螺栓采用 6M 的布置

四边形塔架通常回避采用 6M 基础骨架和 6M 法兰连接螺栓，因为斜杆节点板与螺孔及法兰加劲板的夹角太小。如果采用，就要注意螺孔的布置，应将其中一个螺孔向塔心，使螺孔及法兰加劲板与节点板的夹角达到最大的 15°，同时要考虑垫圈的尺寸和上螺栓的空间，还有焊缝高度，宜加大螺孔规线直径和法兰盘尺寸。

20. 塔架基础的联系梁设置不宜过低

一般塔架基础柱是垂直的，而上部塔柱是倾斜的，因此塔柱与基础顶部连接处就有水平分力（其实基顶尚有侧向水平剪力），如果基础联系梁离基础顶部距离过大，水平力就对基础柱产生次弯矩，这对塔架基础是不利的。

21. 塔架基础联系梁的作用与构造

塔架基础联系梁的作用，主要是承受拉力或压力（参见图 3-9 斜基础柱轴向力的分解），并增加塔架基础抗倾覆的整体刚度。在工程设计中，联系梁的高度通常取塔架基础（或承台）中心之间跨距的 1/25，但不宜小于 400mm，梁的宽度取梁高的 0.7 倍，或基础柱宽度的 1/2，且不宜小于 250mm。

《建筑桩基技术规范》 JGJ 94—2008，关于联系梁的高度可取承台（基础）中心距的 1/10~1/15 的规定，适用于柱（基础）距较小的一般建筑物，不适合高耸构筑物。

对于塔架基础间跨距过大的联系梁可以采用钢结构或柔性拉杆。例如，山东禹城跨高速公路的 157m 高电视塔，组合腿的基础联系梁采用工字钢结构对角线连接（埋设于地沟）。日本东京（Tokyo）塔基础在桩基承台的对角线方向采用 20 根 ϕ52 圆钢拉杆。

22. 桩基构造

自立塔架的桩基础，基桩长度不宜大于直径的 40 倍；桩基承台厚度宜取直径的 3 倍，以满足塔柱和基桩对承台的冲切承载力要求。桩头应嵌入承台 50~100mm，以利侧向抗剪切；桩顶纵向主筋应锚入至承台面内，以满足塔架的抗拔要求。若塔架水平剪力较大，桩顶尚应作抗剪验算。

对于采用泥浆护壁的灌注桩，纵向钢筋不宜采用大于Ⅰ级以上带有螺纹的钢筋，以免粘带泥浆，影响钢筋与混凝土之间的黏着力。

23. 斜基础柱轴向力的分解应受力明确

与塔柱轴线一致的斜基础柱，轴向力的分解点应为基础和联系梁中心线的汇交点，受力明确，各司其职：基础承压，联系梁受拉，如图3-9所示。

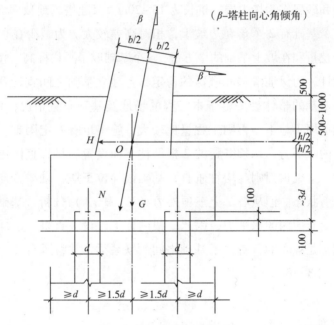

图3-9　斜基础柱轴向力的分解

24. 斜桩可不设联系梁

与塔柱轴线一致的斜基础柱及其斜桩基础，可以不设基础联系梁，塔柱的轴向力直接传递给桩基。但是，斜桩基础施工需要人工开挖，因此，桩径不宜小于1.0m以及适合的岩土地基。

【案例 1 】

四川德阳电视塔，高 218m，设有 5 层蝶形塔楼，塔基外接圆直径为
60m。建筑场地为一反向高陡边坡孤立剥蚀残丘，高不到 20m，坡向与岩
石倾斜相反，岩层不存在顺向滑移结构面，地基尚属稳定。但是，埋深
8m 以上的岩石多为强风化，岩石的完整性及强度均较低，属易碎裂的软
质岩基，不能作为高耸构筑物的持力层。为防止电视塔横向整体倾斜，
塔架基础采用直径 1.0m 和 1.2m 的钢筋混凝土灌注桩，以微风化泥质粉
砂岩和砂岩作为持力层，桩长为 15~20m。又建塔场地顶部面积不大，塔
架 4 个基础有 2 个落在边坡上，相对高差较大。为减少在顶部基础的土
方开挖量和在坡上基础的填方量，4 个基础取了平均标高。按一般塔架基
础设计，为保证滑移和倾覆的稳定，各独立基础之间宜设置联系梁，以
加强塔基的整体性。鉴于本工程的场地及基础布置情况，设置联系梁，
不能都埋于地下，否则工程量比较大，施工也有一定困难。为克服塔基
向外的水平力，每条塔腿的 2 根外柱下面设置斜桩，直接传递外柱的轴
向力。基础顶面则与塔柱垂直，基础锚栓位于塔柱轴线方向，以避免锚
栓受剪状态。但从塔基上三项外力（N、M、V）分析，基础顶面作成斜
面后尚有向内的水平力，因此 2 根内柱下改设为直桩。这样 4 个塔腿的
基础都是独立的，省去了基础之间的联系梁，并将承台和上面的基础合
一（图 3-10）。

【案例 2 】

河北省某电视塔基础的桩基参照德阳电视塔无联系梁的斜桩方案，
对于砂质地基并非最佳方案。首先，砂质地基不利于人工开挖，需要做
安全支护措施；其次，在地震周期短、烈度高的华北地区，一旦地震，
基桩容易发生偏移，斜桩更不利；此外，建于砂质地基的无联系梁的塔
架基础，塔基抗滑移的整体刚度差。

对于地震区基桩偏移问题，日本新潟（Niigata）就有案例，以后采
取的对策，即在砂质地基中打砂桩，以防基桩移位。

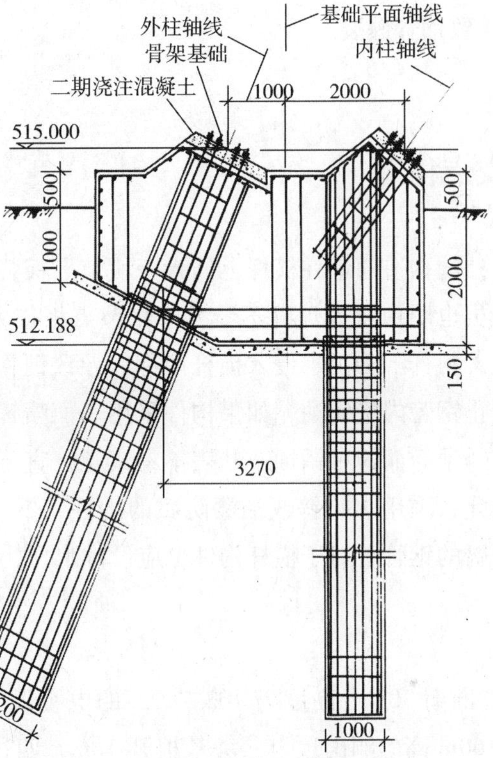

外柱轴线
骨架基础
二期浇注混凝土
基础平面轴线
内柱轴线
1000　2000
515.000
500
1000
500
2000
512.188
150
3270
1200
1000

图 3-10　塔腿基础图

25. 钢管主柱的排水

塔桅结构的钢管主柱（均指热镀锌防腐），其底部应考虑排水。一般塔架可在钢管塔柱的基础柱上部中间埋设带弯头的钢管，从侧面排水。如果采用固接的钢管组合截面的桅杆结构，则应在每根钢管柱法兰盘下面铣一条排水槽，因桅杆基础骨架定位板通常采用的是一整块。

【案例 1】

东北有一座自立塔，塔柱为钢管结构，在一个冬季，钢管塔柱底部爆裂，从中掏出大量的冰块，这些冰块就是管内大量积水造成的，积水结冰膨胀导致钢管爆裂。

26. 米式腹杆交点构造

米式腹杆交点处的构造通常在横杆上插入一块节点板，在上下交接处进行焊接。厂家的制作人员也明白此处焊缝不受力（由节点板传力），施焊不重视，焊缝有缺陷，易使交叉斜杆上的雨水侵入横杆内部，导致钢管内积水。如果构件采用热镀锌，尚能防止钢管内壁锈蚀，如果构件采用表面喷锌，抑或油漆，那么在钢管内壁就要产生锈蚀。而这种锈蚀，外表不易察觉，直至横杆发生变形，才被人注意和重视。因此，采用热喷锌或油漆防腐的构件，不宜采用这种连接构造。即使采用热镀锌防腐的钢管，对于横杆构件也应设排水孔，以防积水。

【案例1】

安徽省淮南 703 台高度为 102.730m 的电视调频发射塔，建于 1987 年，位于 160m 高的洞山顶上，塔基根开 16m，四边形截面，钢管结构，米式腹杆体系，采用构件热喷锌防腐涂复。业主在维修中发现，发射塔有多处交叉斜杆与横杆的连接节点出现锈蚀、开裂现象，虽经修复，无济于事，为此要求设计人员到现场进行了考查。

该塔钢管构件防腐工艺采用表面热喷涂锌，内壁不防锈。上下交叉斜杆是通过插入钢管横杆的整块节点板与横杆连接，此处正是上部斜杆上的雨水顺杆而下的必经之地，若节点板与横杆之间的焊缝有孔隙、缺焊等不良现象，雨水渗入管壁，必然产生锈蚀，而横杆钢管壁厚为 5mm，是经不起锈蚀的，很容易开裂。后来发现横杆内的大量积水正说明了钢管构件产生锈蚀、开裂的根本原因。这种钢管内部锈蚀导致管壁开裂等现象靠外部补救是补不胜补的，治标不治本。

米式腹杆塔架的横杆受力虽然不大，但是，插入横杆钢管内连接上下交叉斜杆的节点板同样在锈蚀，而且不易察觉，一旦断裂，交叉斜杆退出工作，就会影响发射塔的正常运行。因此，对于这种现象必须更换所有锈蚀构件。

27. 重力式地锚应三线汇交

桅杆纤绳的重力式地锚大小由地锚自重和纤绳最大拉力的平衡条件确定，为了使地锚在纤绳拉力作用下保持稳定，地锚拉杆应与地锚重心线和地锚的被动土压力的重心线汇交于一点 O（图 3-11），且地锚拉杆必须穿过交点 O，否则，将使重力式地锚上抬或下倾。为了增加地锚的被动土压力，设计时可将方形地锚按对角线方向设置。

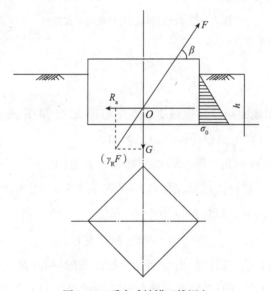

图 3-11　重力式地锚三线汇交

28. 桅杆纤绳共锚拉杆倾角应为合力方向

拉线式桅杆，纤绳共锚拉杆的倾角应为合力方向。地锚拉杆倾角的合力方向，可以按共锚纤绳的倾角和拉力大小，采用作图法得出，如图 3-12 所示。如果拉杆连接端采用拉耳板（图 3-12a），为保证共锚纤绳的原来倾角，可以由纤绳与拉耳板连接孔至合力方向的距离予以控制。由图可得：

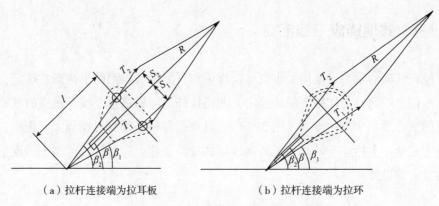

（a）拉杆连接端为拉耳板 （b）拉杆连接端为拉环

图 3-12 纤绳共锚拉杆倾角的合力方向

$$S_1 = l\mathrm{tg}(\beta - \beta_1) \tag{3-6}$$

$$S_2 = l\mathrm{tg}(\beta_2 - \beta) \tag{3-7}$$

式中，l——拉杆出地面至拉耳板两连接孔中心连线之间的距离；

β_1、β_2——分别为两根纤绳的原来倾角；

β——共锚拉杆倾角，即为两根纤绳合力 R 方向。

当合力较小时，拉杆连接端采用拉环（图 3-12b），无须计算孔距。

共锚拉杆出地面处至桅杆基础中心的距离：

$$S = a_1 + a \times S_1 / (S_1 + S_2) \tag{3-8}$$

式中，a_1——纤绳 1 原地锚拉杆出地面处至桅杆基础中心的距离；

a——纤绳 1 与纤绳 2 的原地锚拉杆出地面处之间的距离。

29. 桅杆底座的铰接与固接

桅杆底座采用铰接，还是固接，主要视桅杆用途而定。用作中波广播发射体的桅杆需要底座绝缘子，就得采用铰接，但桅杆底座节构造复杂，不便热镀锌防腐。用于天线支持物，如短波、长波以及电视天线的支持桅杆，还有气象桅杆等，应该采用固接。铰接支座 $M=0$，桅杆受力较好，基础锚栓不受力，仅起到定位和固定底座绝缘子的作用。固接支座 $M \neq 0$，基础锚栓承受拉力，稳定性好，桅杆底座节构造简单，不影响热镀锌防腐，并且安装方便。

【案例 1】

青岛长波天线 10 座支持桅杆底座均采用固接，对于建在山头上的天线支持桅杆，稳定性好，施工安全，架到 40m 时才需要设置临时纤绳。

30. 桅杆纤绳固接方法

桅杆纤绳的固接方法主要取决于钢丝绳的直径，用于广电和通信工程通常有以下几种方法：

（1）绑扎法。适用于较小直径的钢丝绳（如 $\phi6.0 \sim \phi12$mm），即把钢丝绳回折后采用镀锌铁线绑扎，绑扎长度应不小于 $25d$（d 为钢丝绳直径），绑线直径宜取钢丝绳单根钢丝的直径，通常采用 $\phi2.0 \sim \phi3.2$mm；

（2）编插法。适用于一般直径的钢丝绳（如 $\phi16 \sim \phi26$mm），编插长度通常采用 $(20 \sim 25)d$；

（3）采用绳夹方法。通常用于纤绳与地锚拉杆连接的一端。绳夹型号必须根据钢丝绳的直径选用，一般绳夹适用于钢丝绳的直径为 $\phi6.0 \sim \phi26$mm。绳夹个数为 $3 \sim 4$ 个，绳夹间距为 $6d$，或 $120 \sim 180$mm；

（4）采用合金套筒方法。主要用于纤绳拉力较大、直径较粗的钢丝绳（如 $>\phi26$mm），即采用浇铸锌合金把钢丝绳端部与套筒固结在一起。采用合金套筒法的钢丝绳必须是钢芯钢丝绳（纤维芯会燃烧），且宜用钢丝股芯（IWS），不用独立的钢丝绳芯（IWR），浇铸部分必须打散、清洗油污。套筒材料通常可采用无缝钢管（20 号钢）加热模压而成，锌合金可采用 4-1 铸锌。锌合金浇铸温度，通常为 440℃ ~460℃，太低，锌合金流动性差，太高，锌会燃烧。

31. 双层配筋是克服钢筋混凝土筒形塔体内壁竖向裂缝的基本构造措施

设钢筋混凝土筒形塔体内外壁的温差 Δt 为常数，则由温差所产生的筒体约束弯矩为：

$$M = EI\alpha\Delta t/\delta \tag{3-9}$$

式中，E——弹性模量；

　　I——截面惯性矩；

　　α——温度线膨胀系数；

　　δ——筒壁厚度。

这个约束弯矩使温度较低的筒体内壁产生拉应力 σ（如果取筒体单位高度，则 σ 可简化为环梁纯弯曲来推求），当 σ 超过混凝土的极限抗拉强度时，内壁就会出现竖向裂缝。

筒体的单层配筋（对约束竖向裂缝而言，即指水平箍筋）是产生裂缝的主要内因。单层配筋通常把水平箍筋放在主筋外侧（图3-13a），主筋内侧较宽截面为素混凝土，而内侧在上述约束弯矩作用下受拉，容易产生裂缝。双层配筋设置两层主筋，相应的两层箍筋分别放在主筋的内外侧（图3-13b），在构造上保证了筒体内壁的水平抗拉强度，避免了裂缝现象。

为提高塔身的抗裂性，建议壁厚20cm以上的塔身采用双层配筋。

【案例1】

武汉长江跨越塔为圆筒形钢筋混凝土塔，塔筒内壁在西南至西边的方向，自塔身顶部平台梁的钢牛腿支座处直至下部平台，产生2~3道竖向裂缝，裂缝长度达40~50m，裂缝宽度为3~4mm。

根据这些裂缝的出现方位，分析导致裂缝的外因是不均匀日照引起的塔身内外温差，使筒体产生不均匀的膨胀—约束弯矩。武汉夏季下午2~3点钟的日照可使筒体外表面温度达到50℃~60℃，甚至更高，而筒体

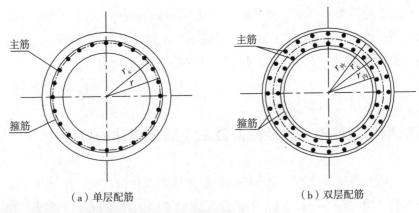

（a）单层配筋　　　　　　　（b）双层配筋

图 3-13　筒体截面配筋

内的温度一般为 25℃ 左右。这种温差对高大的钢筋混凝土筒体结构物就会产生较大的不均匀膨胀。

从裂缝的行止可见，筒体的单层配筋就是产生裂缝的主要内因。武汉跨越塔筒身均为单层配筋，裂缝发展连续 4 年之久，形成长而宽的缝隙。而皖中跨越塔，筒壁厚度大于 18cm 者都采用双层配筋，未发现裂缝现象，但在小于 18cm 的单层配筋的筒体内壁同样出现裂缝。

32. 单层配筋的钢筋混凝土筒形塔体内壁竖向裂缝不可避免

对于壁厚不超过 20cm，采用单层配筋的筒体，在不均匀日照下，裂缝现象是不可避免的。在设计和施工中，只能采取减轻裂缝开展程度的措施。如每隔 2~3m 靠内侧增设一道水平箍筋；注意混凝土骨料级配，加强密实度，以减小混凝土的干缩；混凝土宜用普通水泥；不掺加任何化学剂。从运用实践来看，这种裂缝的出现和存在并不影响受压弯的筒体构筑物的安全。这种裂缝形成后一般情况下不再发展。既然采用单层配筋的筒体裂缝现象不可避免，那么对已形成的裂缝就没有必要进行填补，否则就会在其他地方出现另一些裂缝，或者使原裂缝继续开展，甚至恶化。按照另一种观点，只要这种裂缝不贯穿筒壁的外表，则具有"铰"的作用，即在不均匀日照下能减小塔体的约束弯矩。但是，对这种裂缝的开展程度应该做一些试验和规定。如果在筒体内壁的一定部位预先留以 2~3 条宽深适当的缝隙—犹如"伸缩缝",以减小在不均匀的日照下所产生的塔身约束弯矩,或许能控制筒壁不致任意开裂。这只是笔者的一种设想。

33. 增加壁厚不一定能提高混凝土筒形塔体的抗裂性

仅增加筒壁厚度不一定能提高混凝土筒形塔体的抗裂性。例如,武汉跨越塔虽然壁厚增大到 50cm,但并不因此而减轻裂缝的严重程度。相反,对于这种筒体结构,筒壁越厚,在不均匀日照下所引起的膨胀越不均匀。武汉跨越塔的壁厚由上至下逐次增加,而竖向裂缝的宽度也由上至下逐渐增大。

至于以开窗通风,降低塔体温度来避免裂缝现象,效果也不理想。实际上这种筒体结构,只要上下有门洞,本身就具有抽风的特点。如新疆地区三个微波塔,沿塔身每隔 3.2~3.6m 两侧交替开窗,但其裂缝程度并未减轻。其实,较大的空气流速对浇筑后的混凝土中的水分蒸发速度影响很大。据日本有关资料记载,在一般情况下,当风速为 16m/s 时,蒸发速度为无风时的 4 倍。因此,引起筒身内外侧混凝土中的水分蒸发速度不一,也就是筒体内外侧的混凝土收缩不一,也相当于内缩外胀的弯曲,此时外侧产生的拉应力加速内侧混凝土的竖向裂缝的开展(对此可将混凝土的收缩换算成当量温度 $\Delta t'$,与筒体内外壁温差 Δt 叠加计算即可)。

34. 为提高混凝土筒形塔体的抗裂性采用高强度钢材不经济

为提高筒体的抗裂性和施工要求(滑模施工),混凝土筒体的配筋受规格、数量和含钢率的限制。例如,按照电力跨越塔工程设计的经验,主筋宜采用较小规格($\phi12\sim\phi19$),为便于施工,每沿长米内布置 5~8 根,不宜过密(但含钢率不小于 0.5%);水平箍筋含钢率不得小于 0.3%,且每沿长米高度内不少于 5 根。因此,为改善塔身的抗裂性而采用高强度钢材是不经济的,不能充分发挥材料强度。但是，配置过多的钢筋也会阻碍混凝土在硬结过程中的正常收缩，从而使钢筋混凝土筒体产生早期裂缝。

35. 钢筋混凝土结构不宜掺加化学剂

钢筋混凝土结构产生裂缝的原因多与掺加化学剂有关。通常促凝剂只能提高混凝土的早期强度，影响晚期强度，且易使混凝土干缩。如果掺加的早强剂的成分对钢筋有腐蚀作用，则就加速钢筋的锈蚀，钢筋锈蚀后体积膨胀，加剧裂缝的开展。如武汉跨越塔上部混凝土采用矿渣水泥（强度增长较慢，析水性较大，易形成孔隙），又掺入 3%（占水泥重量）的氯化钙，不仅裂缝程度较严重，而且表面还有脱落现象。

为防止大体积混凝土浇筑体产生温度裂缝，降低水化热，在混凝土配料中可以掺加煤粉和高效减水剂，控制水泥用量在 300kg/m³ 以内。深圳梧桐山电视塔桩基承台施工就是采用了这种方法。

【案例 1】

青岛市城阳区电视塔建在该区丹山顶上，因地质和地形原因，该塔联系梁架空，梁下有砌体。该塔于 1995 年 12 月份建成，1998 年春，发现置于地面的基础联系梁有明显裂缝。

联系梁裂缝主要为纵向裂缝，分布于梁的顶面、两侧（距顶面约 100mm 处）及梁下门洞可见到的底面（距一侧约 350mm 处）。裂缝宽度约为 10mm 左右。梁侧有两处严重铁锈痕迹，经开凿，为梁内钢筋锈蚀的外渗物。

从联系梁裂缝走向为纵向分析，裂缝出现不是因结构受力（主要承受轴向力）所致。经塔架结构及基础核算，承载能力均满足使用要求，联系梁配筋及混凝土标号等也符合当时的《混凝土结构设计规范》GBJ10—89 有关规定。

调查基础施工情况，施工季节正值初冬，施工中为了使混凝土促凝抗冻，在混凝土中掺加了高于常规 5%（占水泥重量）的减水早强剂（YS-CMN），而采用的水泥则为矿渣水泥（425#）。抗冻剂使混凝土内产生水化热（施工期有热气蒸发），而矿渣水泥配制的混凝土强度增长较慢，抗冻性差，易受冻坏，降低了混凝土的密实性，加上矿渣水泥析水性较大，易形成孔隙，于是在内热外冷的温差作用下，使混凝土产生热裂，形成纵向裂缝。

裂缝形成后，加之混凝土密实性差和孔隙，大气、雨水等侵蚀性介质就会锈蚀混凝土中的钢筋，钢筋锈蚀后体积膨胀，加剧了裂缝的开展。

鉴于裂缝产生的原因、开展程度和钢筋的锈蚀情况，对联系梁采取了封闭的处理方法，以防止裂缝扩展，保护梁内钢筋不受外界介质对钢筋的侵蚀，保证了塔架基础的可靠性。

36. 钢筋混凝土筒形塔风振效应及构造措施

对于高耸构筑物，风荷载除了产生静力作用外，还会引起动力作用。在结构计算中，用增大稳定风压，即乘以风振系数 β_z 来考虑风载的动力特性。但是，这个风振系数主要是考虑振幅顺风力作用方向的风载动力作用—纵向振动，并未考虑振幅垂直于风力作用方向的横向振动。横向振动是由平行的气流绕过筒形塔体时在其周围形成旋涡—卡门（Vòn Karmàn）涡流而产生的，即当旋涡离开筒形塔面（旋涡脱落）时产生一种能使塔体由于有自振频率的横向振动而引起的脉动。观测这类塔在各种风速下的横向振动，发现其振幅一般较顺风向的还要大，因此，塔身在风荷载作用下常以椭圆形的轨迹来回摆动，同时随风速变化改变它的脉动幅值。当振动加速度超过 $50cm/s^2$ 时，就会使人感觉不正常。然而，卡门涡流对塔体作用的频率在某种程度上受到塔身的自振频率的控制。而影响塔身的自振周期的主要因素是塔体的刚度和质量分布。也就是说，塔体在风载作用下的摆动程度，多少取决于自身的刚度和质量分布。因此，在设计时选择合理的结构形式，应考虑到塔体的振动问题。

【案例 1】

在"二、计算"部分："塔楼舒适度"中的案例（1），所述乌鲁木齐微波塔，虽然塔身不算高，但筒身采用等截面，即直径及壁厚均无变化，而周期值一般与塔身筒体顶部和底部截面惯性矩的比值（I_1/I_o）成正比，与底部截面的回转半径 r_o 成反比，且顶部设有圆形塔楼，楼顶尚有钢塔，因此这座塔就有较大的周期值，计算为 1.24 秒。诚然，较大的周期值对这样的风振是不利的。

37. 电梯井道温度变形

电梯井道属细高结构，易受温差影响，产生变形。《高耸结构设计规范》GB 50135—2006 为此规定：应计算温度作用引起井道相对于塔身的纵向变形值，并采取适当的措施释放其应力，且不影响使用。

电梯井道依附于塔体，由横向构件与塔体连接，主要作用固定电梯导轨，除了自重外，不承受外力。因此，井道顶部与塔楼梁系的连接不一定采用固接，可以通过构造使井道在纵向自由伸缩，不致因温度作用而引起井道相对于塔身的纵向变形，无须计算变形值。

【案例 1】

笔者设计的四川德阳电视塔、陕西汉中电视塔以及辽宁阜新电视塔等的电梯井道，顶端与塔楼梁系的连接都采用了两向平面约束，纵向可以自由伸缩，不存在因温度作用而引起井道的纵向变形。

38. 塔桅结构不是设备，属于构筑物

广播电视塔和桅杆与广播电视发射机、天线等不同，它不是设备，也不是狭

义的产品，属于工程建设项目的构筑物。因此，广播电视塔桅建设必须遵循工程建设的一般程序：项目策划及立项、施工图设计及审查、生产及施工、竣工验收和交付使用。

可是，有些地方台并不清楚工程建设的程序，为省钱，图省事，直接委托给厂家，由厂家直接提供现成产品，而厂方又不具备设计资质和设计能力，甚至省料少工，由此而造成的倒塔事故和教训，时有耳闻。

【案例 1】

20 世纪 80 年代，河北一阵大风，倒了 6 座电视塔，这些塔都是没有经过设计，直接由乡镇家族小厂生产提供的，牵涉到有关广播局长自杀，或者撤职。

【案例 2】

河南西华一座不到 100m 高的角钢塔，也是没有遵循工程建设的程序，没有设计，建成不久，就经不住一阵大风而倒垮。而附近的淮阳200m 高的电视调频塔却安然无恙。商丘电视调频塔也是 200m 高，2009年建成后，刚安装完天线，就遇上了 10 级大风，附近的房屋吹倒了，还死伤不少人，而这座塔巍然屹立。因为淮阳和商丘这两座电视调频塔，都是经过正规设计的（笔者设计）。诚然，若遇上超过设计取值的风载或地震而造成的破坏事故，那是属于自然灾害，不是设计人员所能控制的，因为有关设计取值是根据国家现行"荷载规范"的规定，是具有法律效力的。

【案例 3】

河北有一家通信铁塔厂，曾按几种风压设计几座自立塔，提供客户产品仅增加一级风压，虽然提高了厂家的经营效益，但是，既没有考虑用户所需要的天线工艺，也没有考虑工程的成本投资。

39. 电视塔设计不易定型

广播电视塔由于天线工艺、使用功能、发射高度、建筑造型以及气象、地质条件等不同，难以统一定型。这与通信塔、电力塔以及拉线式桅杆有所不同。但是，对于钢结构自立塔而言，不同高度的空间桁架都是由单元构件组成的，因此，可以规范塔架的主要构件以求得钢塔结构设计的定型化，也为钢塔构件的制造提供相应的标准。

钢塔架结构定型构件设计内容分析如图3-14所示。

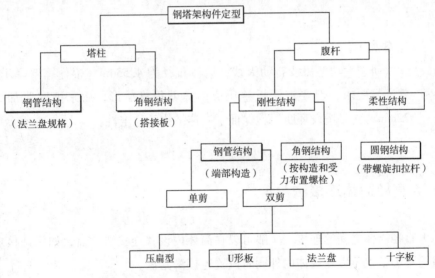

图3-14　钢塔架结构定型构件设计内容分析

图中明确了钢塔架结构可以进行定型设计的主要构件内容（带有框影），即钢管构件法兰盘规格、角钢上下柱肢连接构造（搭接板）、钢管腹杆端部构造、圆钢拉杆构造（带螺旋扣）。这些构件定型设计见附录3。定型构件的各零件均按等强度设计，在使用时除已指明外，可以按其中某零件的承载力来控制。

40. 大直径筒体的径厚比

《钢结构设计规范》GB 50017—2003 规定，圆钢管的外经与壁厚之比不应超过 100 $(235/f_y)$，《钢塔桅结构设计规范》GY 5001—2004 规定，不宜超过 80 $(235/f_y)$，是为了防止受压钢管截面发生局部屈曲。对于大直径筒体，设计人员往往按自己的计算来确定壁厚，导致筒体因整体刚度不够而产生较大的变形。但是按规范的这个规定需要较厚的钢板，材料和加工满足不了。因此，采取折中的方法，适当加大按计算的壁厚，同时在构造上采取措施，以保证筒体结构的稳定性。

【案例 1】

研制大功率短波转动天线，筒体直径为 4.534m，按计算壁厚 16mm 就满足要求，但要把钢板卷压成筒体就很难成形，后来把壁厚加大到 22mm，同时增设环肋，就保证了筒体结构的稳定性。

41. 大直径筒体连接法兰盘

大直径筒体之间的连接，一般可以在筒体内设置连接法兰盘，如果连接螺栓承载力不够，也可以在筒体内外同时设置连接法兰盘。

对于超大直径的筒体之间的连接法兰盘（尤其是筒体底部与基础锚栓的连接），所需要的法兰盘的厚度很厚，鉴于厚板力学性能的统计资料尚不充分，需要进行 Z 向性能的复验，因此，采用双层间隔的常用钢板，即称为柔性法兰。

【案例 1】

南京华能金陵电厂的 240m 高、管径 7.20m 的双管钢烟囱和海南 2023 台大功率短波转动天线直径 4.534m 的塔体，筒体底部与基础锚栓的连接都采用了双层钢板的柔性法兰盘。

42. 锥形管的插接长度

锥形管的插接长度决定插入段两端的剪力：

$$V = M/l \tag{3-10}$$

式中，M——锥形管插入段上部的弯矩；

　　　l——锥形管插入长度。

由 (3-10) 式可见，插入段两端的剪力与插接长度成反比，插接长度越长，两端的剪力越小，抗弯性能越好。

【案例1】

巴基斯坦电力线路的支持杆锥形管抗弯试验，破坏处即在插接段的两端上下管的接触处（与外弯矩反方向）。

43. 独管塔不宜采用等截面

采用等截面的独管塔，即直径与壁厚均无变化，对结构的风效应是不利的。因为独管塔的周期值一般与顶部和底部截面惯性矩的比值 (I_1/I_0) 成正比，与底部截面的回转半径 r_0 成反比，而独管塔的顶部通常又设有圆形平台和天线，因此这样的独管塔就有较大的周期值，较大的周期值就会有较大的塔顶位移和风振效应。

44. 圆形塔楼楼层的梁系布置

圆形塔楼楼层的梁系，不仅是承受楼面荷载的受弯构件，同时承受轴向力，尤其是第一层呈三角形的支撑结构，支撑受压，径向梁受拉，拉力向外，对楼层结构和连接构造是不利的，通常设置环向梁，把径向力转换为环向力，但是环向梁与径向梁的连接构造必须刚接，环向梁的数量应根据径向梁的长度和受力情况而定。

45. 不设支撑的平台梁构造

圆筒形塔体或独管塔多设置圆形平台，考虑美观，通常不设支撑，为了保证平台梁端的挠度要求，可以采取两种方法：

（1）梯形平台梁，即将梁的高度由里到外逐渐减小，既保证平台梁与塔体的连接强度，又减少平台梁的自重；

（2）利用平台梁与塔体节点板的连接螺孔规线起拱，即将外侧两个或两个以上的连接螺孔规线适当抬高。

46. 焊缝的质量要求

对接焊缝按疲劳控制时，为一级焊缝，应焊透，才能与母材等强，要用超声波探伤。对接焊缝按强度控制时（纵向焊缝），为二级焊缝，也应焊透，且需要剖口焊，分几次施焊，才能与母材等强。现场焊缝和角焊缝一般为三级焊缝。

焊条的选用应和被连接的材质相适应，E43 型对应 Q235，E50 型对应 Q345，Q235 与 Q345 连接时，应该选择低强度的 E43 型，而不是 E50 型。

47. 角焊缝的尺寸要求

《钢结构设计规范》GB 50017—2003 规定，角焊缝的最小焊脚尺寸 h_f 不得小于 $1.5\sqrt{t}$（t 为较厚焊件厚度），是为了避免较厚焊件由于冷却速度快而产生淬硬组织；角焊缝的最大焊脚尺寸 h_f 不宜大于较薄焊件的 1.2 倍，则是为了避免较薄焊件形成"过烧"现象，不使构件产生翘曲、变形和较大的焊接应力。

48. 基础骨架、钢筋不能作为防雷接地引下线

在自立塔架基础设计施工图中，常有一条说明，即基础内钢筋可作为防雷接地装置的一部分，将基础骨架与基础或桩基钢筋以及与联系梁主筋等焊接在一起，以增加防雷效果。

《建筑物防雷设计规范》GB 50057 就是主张利用基础钢筋作为防雷接地装置的。

但是，《钢筋混凝土筒仓设计规范》GB 50077—2003 规定，严禁利用筒仓内的结构钢筋作为避雷针导线。据说这是多年来国内外从工程事故的分析中认识到的，利用混凝土结构钢筋作为避雷针引下线，导致混凝土碳化，促成钢筋电蚀，改变钢筋钝化膜的电位差，使钢筋失去保护，是结构丧失安全使用功能的重要原因之一。

尽管钢筋混凝土筒仓结构属于特种结构，但是利用混凝土结构钢筋作为避雷针引下线所引发的事故原理和后果，对于一般钢筋混凝土结构应该是一样的，宜引以为戒。

第 4 章

结构

1. 塔桅工程场地必须进行工程地质勘察

用于广播电视的塔桅工程场地，根据工程建设行业标准《调频广播、电视发射台场地选择标准》GY 5068—2001 和《中波、短波发射台场地选择标准》GY 5069—2001，必须进行工程地质勘察。勘察（测）单位应按照设计单位提出的勘察要求进行勘探，提交勘察报告，提供塔桅结构设计资料和依据。

【案例1】

1991 年 5 月，海南省文体局主管广播电视工程的一位负责人，不按广播电视塔桅工程建设项目应该遵循的一般程序，官僚作风严重，突然下令乐东、陵水和保亭三个县的下属单位，在限定时间内各建一座 60m 高的 TV、FM 塔，若未按时完成，撤去第一把手职务。这道军令状慌了下属的手脚，既未选择场址，也未地质勘探，急不择地，导致乐东塔基础落在防空洞上；陵水塔基础一半落在岩石上，另一半落在软土地基上；处在湖畔的保亭塔基坑开挖后积水不断，不可收拾。最终造成国家经济损失。

【案例2】

深圳 365m 高的气象桅杆，中心基础下面是一片大面积厚达 5m 尚未风化的花岗岩地基，居然进行开挖，采用灌注桩基，可谓劳民伤财，不可思议。

2. 在自立塔上部加设纤绳

类似变截面悬臂梁的自立塔在以分布荷载（风荷载）为主作用时，其弯矩图形近似于抛物线形，以集中荷载（微波天线等）为主时，为折线形或直线形。自立塔是按照结构等强度原则设计的，塔架刚度沿高度变化与外荷载作用下的弯矩图外形曲线相似，即下面大，上面小。有的为加固自立塔，在塔架上部加设纤绳，虽然减小了塔架位移，也降低了塔架底部弯矩，但是，改变了弯矩图外形曲线，由此产生的纤绳节点处的负弯矩很可能超过原来的正弯矩，此处的塔架刚度和强度就不够了，因此，这种加固方法对塔架结构弊大于利。即使把纤绳架设在塔架顶部，虽然支座处的弯矩为零，但不能保证整座塔架产生的负弯矩是否小于原来的正弯矩。如果为了减小塔架位移，需要加设纤绳，应该进行核算。

【案例 1】

北京月坛电视塔在 1976 年唐山大地震时，顶部直线段（尚挂有重达 2.5t 的大标语）和天线桅杆摇晃剧烈。广播局领导召集有关人员紧急会议，商讨如何采取应对措施，确保安全播音。当时发射台就有人建议，在塔架直线段加设纤绳。虽然没有采纳这个建议，但有人不理解（不同专业，情有可原）。后来卸去了额外的大标语，降低了桅杆段，减少了天线（该塔原计算有误），在玉渊潭新塔建造后，用作中央电视台的备份塔。

3. 自立式塔架立面的合理形式

自立式塔架外形设计应与外荷载作用下的弯矩图外形曲线相似，以符合结构的等强度设计原则。塔架在水平风荷载作用下的弯矩图外形是一个抛物线，因此，抵抗这个弯矩的塔架截面刚度变化的外形曲线也应为抛物线。实际上，塔架立面的外形通常做成近似的或相似斜率变化的折线形状。但外形坡折不宜多，因为每一坡折点的变位都将增加塔架顶部位移，一般 2 个坡折点坡度变化 3 次就可以达到近似曲线。对于以水平集中荷载为主又有变位要求的微波塔，采用直线形的塔形便是最佳方案了。

作为高耸结构的自立塔，有的建筑师为了达到景观效果，刻意追求"美观"，施展奇、特、怪的建筑艺术，出现扭、曲、歪的建筑造型，导致结构笨重，受力混乱，材料浪费，隐患潜伏。但"工程师的职责是确保设计合理，而不是满足建筑师所有的怪想。"——德国斯图加特（Stuttgart）大学钢筋混凝土塔专家雷翁哈德（F. Leonhardt）教授。

4. 自立式塔架主柱的理想坡度

如果主柱的坡度选择得恰当，可将斜杆的受力降低到最低程度。理论上主柱的理想坡度应该使同一平截面各主柱轴线交点 O 的所在标高位于该截面以上的荷载图形心 O_q 附近，如图 4-1 所示。

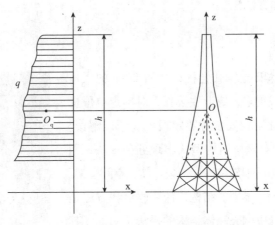

图 4-1　塔架主柱的理想坡度

塔架主柱一般二折三坡即可得到协调的外形曲线。增加主柱坡折，虽然塔形线条自然圆滑，但是增加了塔架顶部位移。合理的塔形和层间尺寸，斜腹杆几乎是平行的。

塔架截面改变的过渡段，上下截面尺寸相差不宜太大，以 1.5 倍相差为宜，否则交叉斜杆的交点过高，影响节点连接构造。

5. 自立式塔架底部宽度宜宽不宜窄

自立式塔架底部宽度一般取塔高的 1/5～1/8，但适当扩大塔架底部宽度可以降低底段塔柱内力，同时可以减小基础尺寸和地基负荷，而由此所增加的腹杆材料却是很少的。因此，采用拱形底座不仅是建筑美观需要，更主要是增大塔架底部跨度，改善结构和地基受力状况，如埃菲尔铁塔、东京电视塔等都采用了拱形底座。

6. 复杂塔型应明确结构体系和类型

对于复杂的自立塔造型，在结构计算前，应明确结构体系和类型，以便采用相应的计算假定和方法。

【案例 1】

由日本日建株式会社设计的 179m 的大连广播电视发射塔，应业主委托，对鉴定单位提交的"亮化工程安全性鉴定报告"予以解读。"报告"中对该塔结构型式出现五种提法：网壳筒体结构、钢架结构、桁架外筒、空间框架、桁架筒体等。不同的结构，计算假定和方法是不同的。其中网壳筒体结构的提法是对的，其实，这是日本株式会社将网壳结构用于高耸塔架在我们国土上的一种尝试（图 4-2）。作为网格结构，除了杆件强度验算外，"报告"中尚应对螺栓球节点进行强度验算。

图 4-2　大连广播电视发射塔

7. 自立式塔架的 K 形腹杆

自立塔式塔架的 K 形腹杆具有减少节间长度和腹杆长度的特点，它的内力要比交叉腹杆小，因此，对于塔架内力较大的底部可以采用 K 形腹杆，使塔架底部具有较大刚度，充分发挥构件强度，也便于节点构造处理，还能提供塔架底部较大的空间，在场地高差悬殊时，尚可采取高低腿的形式（图 4-3）。

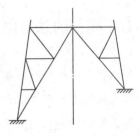

图 4-3　塔架的高低腿形式

8. 以增加纤绳层数缩短桅杆跨距超越限高的风险

格构式桅杆结构受压弯的跨间稳定与轴向力有关，当轴向压力数值接近欧拉临界值（$\pi^2 EI/l^2$）时，即使受到不大的横向风力作用，也可能导致桅杆结构失稳破坏。同时，由 $\pi^2 EI/l^2$ 可见，当桅杆截面刚度（EI）不变时，欧拉临界值与跨间长度（l）平方成反比，也就是说，跨度越大，欧拉临界值就越小，所能承受的轴向力也就越小。反之，若要承受一定的轴向力而不致桅杆失稳，就得控制跨间长度。然而，轴向力是随着桅杆高度增加而增加的，因此，当桅杆横截面尺寸一定时，试图以增加纤绳层数缩短跨距抑或加大桅杆柱肢规格来超越限高，只会导致加速桅杆结构的失稳和破坏。

9. "纤绳层次多多益善"

这是德国布伦瑞克工业大学的研究结论。前面已证述，格构式桅杆结构受压弯的跨间稳定与轴向力有关，纤绳层数越多，桅杆的轴向力越大，对桅杆的跨间稳定是不利的，重则导致桅杆结构整体失稳。此外，纤绳越多，连接件、地锚数量以及安装工作量等等都增加，尤其中波桅杆，影响发射效果。布伦瑞克工业大学的研究结论，或许把桅杆结构模拟成刚体了。

10. 桅杆的悬臂段

拉线式桅杆在纤绳层跨布置时，通常在桅杆顶部设有一定长度的悬臂段，其作用可以缩短纤绳间距和纤绳长度，并可减少杆身顶跨的跨中弯矩，受力较为合理。悬臂段的长度一般为杆高的0.1。

11. 固接支座的拉线式桅杆底部无需扩大

由图4-4拉线式桅杆与自立塔的弯矩图可见，固接支座的拉线式桅杆，底部弯矩为底跨的支座弯矩（图4-4a），基础锚栓的抗拔承载力是能满足的，桅杆底部截面无需扩大，这与自立塔犹如悬臂梁的底部总弯矩不同（图4-4b）。

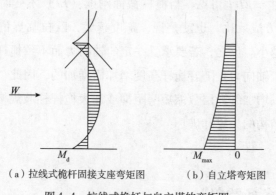

(a) 拉线式桅杆固接支座弯矩图　　(b) 自立塔弯矩图

图4-4　拉线式桅杆与自立塔的弯矩图

12. 截面为四边形的桅杆结构抗扭纤绳布置

截面为四边形的桅杆结构容易产生扭转，图4-5为两种抗扭的纤绳布置形式。其中，图（a）纤绳交叉布置，两根纤绳发生摩擦，图（b）纤绳 V 字形布置，避免了两根纤绳摩擦现象，而且缩短了纤绳长度，结构抗扭效果是一样的。

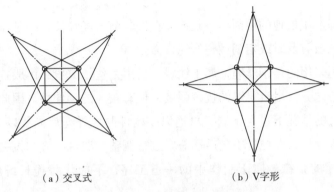

（a）交叉式　　　　　　　　　　（b）V字形

图4-5　四边形的桅杆结构抗扭纤绳布置

【案例 1】

深圳一气象塔，采用边宽 2.5m 四边形截面的拉线式桅杆，抗扭纤绳布置采用交叉式，为克服两根交叉纤绳发生摩擦，将其中一根纤绳在杆身连接处抬高，虽然避免了摩擦现象，但在杆身连接处产生了附加弯矩，并且降低了抗扭效果。

13. 保证桅杆整体稳定的条件

为了保证桅杆的整体稳定性，除了需要进行整体稳定计算外，在设计中，首先应该满足单肢稳定和跨间稳定，并且单肢稳定应该优于跨间稳定。其次，桅杆节点变位曲线要收敛，要恰当选取纤绳初应力。第三，应保证同层纤绳诸方倾角一致，对于起伏较大的场地，应该调整纤绳水平距离，尽可能使同层各方纤绳安装拉力相等。此外，在施工中施加纤绳预拉力（下料及架设前）和及时调整运行中的安装拉力，即保证桅杆有足够的节点刚度。因此，要保证桅杆的整体稳定，仅以计算数据来评定是远远不够的，需要设计、安装和维护等共同实施。

14. 桅杆纤绳的预拉和初拉力

桅杆纤绳产生松弛的原因，一是纤绳在安装前未经预拉；二是桅杆建成运行后维护不善，没有及时或定期调整纤绳拉力。

桅杆纤绳采用的是钢丝绳，属于线材，是由钢丝捻成股，由股拧成绳，尚有钢芯和纤维芯之分，虽有足够的抗拉强度，但有较大的延伸性。因此，钢丝绳应在施加初拉力的情况下进行下料，再连以零构件制成纤绳后尚要以 1.25 倍的初拉力进行整根预拉，在桅杆安装后还需要进行调整、测试各方初拉力。钢丝绳制造厂对钢丝绳的张拉，属于制作中的一道工序，不能代替桅杆纤绳制作中的预拉。

这里所指的纤绳初拉力（设计图纸上也称为安装拉力），应由桅杆结构计算所得，应为桅杆结构在设计风压作用下杆身位移曲线达到协调、收敛的最佳状态的各层纤绳初拉力。满足这一条件，且对杆身压力最小的纤绳初拉力，才为合理的纤绳初拉力。在施工设计图上必须注明每层纤绳的安装拉力。

有的为了省事，采取缩短纤绳，抑或增加安装拉力，以取代纤绳预拉的施工程序，这与安装前的预拉是有本质区别的，因为由此产生的纤绳拉力增加了桅杆杆身的轴向力。因纤绳预拉场地受限制，可以采用滑轮组的施工方法。

桅杆建成投入使用后，由于随机风荷载的动力作用以及温度变化等大气影响，还会不断改变纤绳长度和纤绳拉力，如果不及时或定期进行调整，同样会发生事故。

【案例1】

我国东北有一座中波桅杆，安装后，发现纤绳不断松弛，每天进行收紧，但紧不胜紧，原因就是下料及安装前没有进行预拉。

【案例2】

某长波台改造，更换桅杆纤绳，施工时未经预拉（施工单位不是很专业），安装后松弛，螺旋口调节长度所剩无几，虽然采取措施，更换了螺旋口，补救一时，但是，很难保证以后在长期动风和大气作用下不再继续松弛。

【案例 3 】

　　大同 151.5m 中波桅杆，自建成后 20～30 年，既未进行维修，也未对纤绳安装拉力和杆身垂直度进行调整，2001 年，在连续大风中受风致振动摇晃而失稳倒垮。

15. 构件集装箱运输的尺寸要求

　　塔桅构件设计尺寸，除考虑材料的规格，镀锌槽的大小，吊装的起重量等外，尚要考虑集装箱运输的尺寸要求，既要符合集装箱的大小规格，又要提高装载的效率，合理使用集装箱，因为集装箱价格不菲。集装箱有 20 英尺、40 英尺和 45 英尺三种规格，具体尺寸和载重量，设计前需要调查落实，设计需要的是集装箱的内部尺寸。

【案例 1 】

　　20 世纪 80 年代，非洲马里莫普提和卡伊两座 150m 调频桅杆，边宽 1.2m 四边形截面，考虑热镀锌和集装箱运输，改变了传统的圆钢焊接节段为钢管组装式结构，节省了不少运输费用。以后成为定型设计。

塔桅结构
设计误区与提示

概念　实践　经验

第 5 章

紧固件

1. 高强度螺栓连接

高强螺栓使用日益广泛，常用 8.8s 和 10.9s 两个强度等级，根据受力特点分摩擦型和承压型，两者计算方法不同。

高强度螺栓通常是指靠板叠间摩擦阻力传递内力的摩擦型螺栓。

摩擦型高强度螺栓抗剪时，仅以板叠间的摩擦阻力传递剪力，即接触面不能滑移。但实际上一旦滑移后，螺栓杆与孔壁将直接接触，承载力可以提高很多，这就成为承压型高强度螺栓。所以，承压型高强度螺栓不必强调预紧力，接触面间可以涂刷防锈漆。

承压型高强度螺栓以栓杆被剪断或孔壁挤压破坏作为极限状态，因此其计算方法与普通螺栓相同。但在沿杆轴方向拉力和剪力联合作用下，构件间压紧力减小，螺栓与板孔壁间的承压强度将有所降低，规范中规定此时应除以系数 1.2。

承压型高强度螺栓抗动力性能差，不能用于直接承受动力荷载。

在塔桅结构中，柱肢法兰盘连接螺栓需要采用高强度螺栓时，应选用摩擦型连接，即为螺栓杆轴方向的受拉连接。为避免螺栓松弛并保留一定的余量，《钢结构设计规范》GB 50017—2003 规定，每个高强螺栓在其杆轴方向的外拉力的设计值 N_t^b 不得大于 $0.8P$（预拉力）。

高强螺栓最小规格 M12，常用 M16 ~ M30，超大规格的螺栓性能不稳定，设计中应慎重使用。

2. 螺栓的性能等级与钢号应一致

普通螺栓 4.6 级和 4.8 级为 C 级螺栓。5.6 级和 8.8 级为 A 级和 B 级螺栓，其中 A 级螺栓用于 $d \leqslant 24$mm 和 $l \leqslant 10d$ 或 $l \leqslant 150$mm（按较小值）的螺栓，B 级螺栓用于 $d > 24$mm 或 $l > 10d$ 或 $l > 150$mm（按较小值）的螺栓。承压型连接高强度螺栓为 8.8 级和 10.9 级。设计说明书中经常出现螺栓用的是 C 级，但却要求为 8.8 级，或螺栓直径<24mm，但却要求为 B 级。这些不合理的要求给订货采购造成困难。参见附录 5 普通螺栓、锚栓连接承载力。

8.8 级和 10.9 级螺栓，小数点前的数字"8"或"10"表示螺栓经热处理后的最低抗拉强度属于 800N/mm^2（实际上 $f_u = 830$N/mm^2）或 1000N/mm^2（实际上 $f_u = 1040$N/mm^2）这一级；小数点及后面的数字表示屈强比为"0.8"或"0.9"。

3. 螺栓的螺纹长度不要擅自确定

螺栓的螺纹长度按螺栓的不同直径有规定的值，且在一定的螺杆长度范围内容许为全螺纹，如果擅自确定螺纹长度，就不符合国家标准，五金商场无货供应，生产厂家就得按设计要求另外制作。其实，螺栓的承载能力，除抗拉按螺栓的计算面积（净面积）计算外，抗剪、承压都是按公称直径（毛面积）计算的，即使全螺纹的螺栓并不影响螺栓承载能力。反之，如果螺纹不够，就会影响螺栓连接。

4. 螺栓螺纹处的计算面积

螺栓螺纹处的计算面积按下式计算：

$$A_s = \frac{\pi}{16}(2d - 1.8763t)^2 \tag{5-1}$$

式中，t 为螺纹间距，可按表 5-1 采用。

螺栓的螺纹间距 表 5-1

螺栓公称直径（mm）	10	12	14	16	18	20	22	24	27	30	33	36	39	42
螺纹间距（mm）	1.5	1.75	2	2	2.5	2.5	2.5	3	3	3.5	3.5	4	4	4.5
螺栓公称直径（mm）	45	48	52	56	60	64	68	72	76	80	85	90	95	100
螺纹间距（mm）	4.5	5	5	5.5	5.5	6	6	6	6	6	6	6	6	6

第 6 章
其他

1. 钢结构不耐火

钢结构虽然是一种不燃材料，在火灾中不产生烟火，但是由于钢材的导热系数大，遇到建筑物火灾，火灾产生的热量会迅速传递给钢构件，使构件温度很快上升，当温度达到600℃时，钢材的机械性能，如抗拉、抗压强度、屈服点及弹性模量等，都急剧下降，使钢构件失去稳定，丧失承载能力，导致整个构筑物垮塌。而一般火灾温度可达到800℃以上，未做防火保护的钢构件，只需要15min就会受热到600℃。

【案例1】

天津市体育馆和北京中央党校礼堂的屋顶结构都是拱形钢屋架，分别于1973年和1988年，均在失火后不到20min全部坍塌。

【案例2】

2001年9月11日，美国纽约市高达411m、110层双子座世界贸易中心大楼，先后遭袭被撞，相继坍塌。撞击的两架波音机分别装载的51t和35t的航空煤油倾注楼体，爆炸后引起熊熊大火。与其说世贸中心大楼被飞机撞倒，不如说防火保护不善的承重钢结构经不起烈火的烤射而失稳，丧失了承载能力，引发多米诺效应而倒塌。因为飞机的撞击是局部的，机械的，撞击后也不可能在1个多小时内全部垮塌。如果是木结构，也不可能在 1 个多小时内将整座高楼全部烧成废墟，所以钢结构的耐火时间相反要比可燃的木结构短得多。

钢结构的耐火时间要比可燃的木结构短得多的原因，是由于木材的导热系数小，热传导慢，在高温的烤射下不会软化，只有完全烧着，且烧到一定程度，即烧穿木心直至断裂后，结构才会垮塌，而这需要一定的燃烧时间。因此，木结构一般不至于在短时间内造成大面积的垮塌。

2. 钢塔桅结构防火保护与耐火极限

要提高钢材的耐火性能，即在钢材表面喷涂防火隔热涂料或敷设防火隔热板。根据钢结构建筑耐火等级要求，喷涂不同厚度的防火涂料，可将钢结构的耐火极限从 15min 提高到 2~3h 以上，延缓钢结构升温到临界温度的时间，使钢构件不会受烈火的焚烧和烤射下很快垮塌，以便为报警和灭火留有时间。

按照《广播电视建筑设计防火规范》GY 5067—2003，广播电视发射塔（有塔楼或有塔下建筑）的承重构件耐火极限为 2.5~3.0h。

按建筑物耐火等级及构件耐火时限，依照《钢结构防火涂料应用技术规范》CECS 24 选用防火涂料及构造作法。

3. 自立塔避雷针的保护范围

自立塔避雷针设计并非塔桅结构专业范畴，但是，作为塔桅结构施工设计的完整性，在没有电气专业配合的情况下，结构专业也就越俎代庖予以设置了。于是，避雷针的长度，有的长达 8m，短则 20cm（缝隙天线自带）；避雷针的形式，有单支的，也有分叉的，参差不一。

自立塔避雷针的长度取决于构筑物的高度和宽度，也就是防雷保护范围。一般自立塔避雷针的长度可取 2.5m 左右。

按《建筑物防雷设计规范》GB 50057，单支避雷针在 h_x 高度的平面上和在地

面上的保护半径计算式为:

$$r_x = \sqrt{h(2h_r - h)} - \sqrt{h_x(2h_r - h_x)} \qquad (6-1)$$

$$r_o = \sqrt{h(2h_r - h)} \qquad (6-2)$$

式中,r_x——避雷针在 h_x 高度的平面上的保护半径(m);

h_r——滚球半径,取第三类防雷建筑物 $h_r = 60\text{m}$;

h_x——被保护物的高度(m);

r_o——避雷针在地面上的保护半径(m);

h——避雷针高度(包括自立塔的高度),当 $h > h_r$ 时,用 h_r 代入。

自立塔避雷针的形式,单支或分叉,避雷效果是一样的。

钢塔一般可以不设引下线,但必须保证整个塔柱通路,如采取油漆防腐的钢塔,法兰盘连接面就不能油漆。对于塔楼,各楼层都宜与防雷接地连接。塔靴与接地装置必须用避雷带连接。

避雷接地装置埋置深度,北方应在冻土层以下,$h \geqslant 800\text{mm}$,南方可以浅些,但不论深浅都必须全部连接,要求接地电阻一般 $<5\Omega$。对于岩石地基,可以采取加降阻剂等措施。

4. 与塔架接地装置连接的机房设备等必须自行接地

机房接地要求与塔架接地装置连接,仅对塔架附近的机房建筑起到防雷保护作用,但机房工艺设备等必须单独打共同接地极,否则,一旦引雷,机房接地产生感应电,就会烧毁机器等设备,反而导致损失。

【案例1】

因机房接地与塔架接地装置连接,而工艺设备没有单独接地,导致机器烧毁的电视调频发射台时有发生,如云南省台、广东省台、内蒙古以及深圳等发射台就发生这种情况。

5. 航空障碍灯的设置与障碍标志

按航空部门的要求，高耸构筑物高度≥50m 需要设置航空障碍灯，因此低于 50m 的塔桅构筑物就不必设置了。塔桅高度>100m，需要设置 2 层；高度>500m，需要设置 3 层。但是，有的建塔场地，虽然附近没有机场，也无航线通过，仍然要设置障碍灯，这是为了应对特殊情况。

在塔顶桅杆段（包括安装的天线）尚需要涂刷航空障碍标志油漆，在无线电发射台，作为发射天线的支持物拉线式桅杆，需要整个杆身涂刷红白（欧、美）或黄黑（苏联）相间的标志性油漆。但是作为发射天线支持物的自立塔，有的将整座塔架涂刷油漆标志，似无多大必要了，尤其经热镀锌防腐处理的塔架，本来可以不需要防腐维护，一经油漆，就得 3~5 年涂刷一次，招致人力、物力、财力浪费和停播等的诸多麻烦，不然，塔身油漆斑驳，影响美观。

构筑物影响航空的安全，所以要设置航空障碍灯与障碍标志，有的理解或称之为"航空标志"，诚然是错误的，因为航空并不需要构筑物设置航空标志，相反，是构筑物本身对航空是个障碍，影响航行安全，所以要设置障碍标志。

6. 钢塔桅结构的防腐

实践证明，热镀锌是一种较简单而耐久性又较好的防腐涂装方法，不论在技术上，还是经济上，都堪称理想，因此，在 20 世纪 90 年代初，广电部门做了规定，用于广电系统的钢塔桅结构必须采用热镀锌防腐。不过，在有酸性物质侵蚀的大气中，镀锌层的稳定性急剧下降，必须采取保护措施，即外加涂料涂层，如加涂丙烯酸类等防酸漆。

热镀锌的质量取决于镀锌的温度和时间。温度过高使锌镀层厚度减小，但温度过低会造成镀层粗糙。镀锌时间应随不同的构件和镀层厚度而定。镀锌层厚度在塔桅结构中通常取 100μ 左右。

采用热浸镀锌防腐工艺的构件，尺寸、大小受镀锌槽尺寸的限制，而镀锌槽规格国家没有统一标准，所以设计前应了解一下制造厂家对构件尺寸的要求。因为热镀锌构件受尺寸限制，而焊接会破坏镀锌层，所以采用热镀锌的钢塔桅结构通常为螺栓连接。

采用热镀锌的封闭截面构件（通常如钢管）必须开口，以防在高温的镀锌槽内发生炸裂和在锌液上漂浮，同时使闭口截面的构件内外都能进行热镀。

此外，采用热镀锌的零构件应避免因酸洗除锈而未能彻底清洗的构造和焊接，如图 6-1 所示零构件连接孔的加强构造。

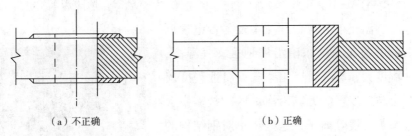

（a）不正确　　　　　　　　　　（b）正确

图 6-1　零构件连接孔的加强构造

20 世纪 90 年代以前，塔桅结构多采用油漆防腐，维护间隔视涂料品种和周围介质等情况而定。涂层表面失去光泽面积达 90%，涂层表面粗糙、风化或开裂面积达 25%，漆膜起泡或出现轻微锈蚀面积达 40% 等情况，均应进行防腐维护。采用涂料防腐的塔桅重涂间隔，一般为 5~8 年。

【案例 1】

333m 高的东京电视塔，四边形角钢组合结构，140m 以下为焊接结构，并用铆钉连接，只能采取油漆防腐，喷砂除锈，涂刷防锈底漆、两道苯二甲酸漆，一道发光漆。140m 以上采用热浸镀锌，酸洗除锈，镀锌层外再刷两道苯二甲酸漆，采用螺栓连接。1958 年建成，油漆重涂间隔为 7 年，未发生锈蚀。

【案例 2】

温州市电视台莲花山发射台电视调频塔，高度为 62.50m，四边形截面圆钢组合结构，于1982年建成投入使用，防腐措施采用一般的油漆防腐涂复。运行25年，整座发射塔锈迹斑斑，不仅漆皮剥落，红丹底漆外露，而且锈蚀已深入钢材，尤其组合构件端部的杆件和加劲板锈蚀严重，拉杆拉耳板和节点连接板均已腐蚀，平台板面漆荡然无存（图6-2~图6-4）。

图6-2　圆钢组合斜杆下端构造的锈蚀（积水）

温州市电视台莲花山发射台电视调频塔处在我国东南沿海地区，气温高，湿度大，雾气重，雨季长，腐蚀程度就会越发严重。尤其沿海地区的盐雾中含有氯、镁等离子，这些离子对钢结构的侵蚀性很大，甚至在维护油漆期间出现边除锈边生锈现象。

图6-3　圆钢拉杆的拉耳板和节点连接板的锈蚀

一般的油漆涂料，只能耐大气中的气相腐蚀，对于有盐雾的环境中，防腐效果和时间就达不到要求。尤其采用油漆涂料的涂层，其耐久性尚与除锈有关。涂层与除锈的关系犹如楼房与基础的关系，除锈不彻底，即根基不坚固，涂层的耐久性就差，防腐效果是不良的。高空的人工除锈作业远非平地，尤其构造比较复杂的节点更难彻底。因此，三年一次的正常油漆维护保证不了发射塔的防腐效果。

图6-4　平台板锈蚀、面漆无存

此外，圆钢组合结构的构件端部节点，尤其斜腹杆下端，由三面加劲板围成的空间，雨水容易滞留，长期积水，加速了钢材腐蚀。这种构造必须要有排水孔。

7. 瓷件安全系数

在无线电广播工程中，作为天线支持物的桅杆结构以及天馈线等，均需设置绝缘瓷件，如果瓷件损坏，就会影响桅杆结构的安全。修订的《钢塔桅结构设计规范》GY 5001—2004 省略了这方面的要求。

原《钢塔桅结构设计规程》GYJ 1—84 规定：绝缘瓷件的安全系数，即瓷件破坏压（拉）力与计算压（拉）力之比，在任何情况下，不得小于 3.0；对于直接受拉的瓷件安全系数不得小于 4.0；对于桅杆纤绳上的受压绝缘子，其安全系数不得小于 3.0。

8. 桩基承台的作用

桩基础的承台，顾名思义，起到承上启下传递外力的作用，毋庸置疑，无须赘述。但是，确有把基础内的构件穿过承台直接搁置在下面地基上的作法，全然不顾桩基的原理和作用。

【案例 1】

建在 650m 高的梧桐山顶、高 198m 的深圳电视塔，是由 16 根钢管混凝土柱及其周围钢构件组成的筒体结构，塔体基础采用 28 根 1.50m×18m 人工挖孔扩底灌注桩组成的群桩基础，承台上部为杯体式基础（图 6-5），承压控制。

为保证埋设于杯体基础中的 16 根钢管立柱（$d=1000$，$l=800$）的方位和斜率，设计中采取了可调定位底座等措施，同时要求施工前施工单位必须要有基础构架定位精度的施工控制方案。

遗憾的是，钢构架定位精度的施工控制方案设计，竟将原设计的构架立柱和定位底座篡改为穿过承台直接搁置在下面的地基上，并且在杯体内构架之间设置三道环形辐射状的重型固定钢支架，使原设计面目全非。

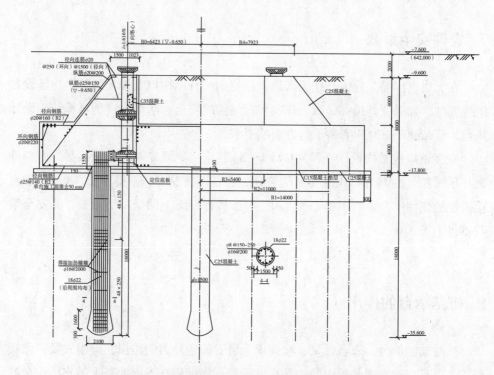

图6-5　深圳电视塔扩底灌注桩基础设计立面图

该施工精度控制方案的问题在于：

（1）破坏了基础承台和群桩传递和承受上部结构荷载的原理和作用。

（2）三道固定支架影响杯体基础内壁支模、钢筋架设和混凝土浇筑。

（3）留在杯体基础中的大量支架钢构件易使混凝土杯体开裂。

诚然，该施工控制方案将使已经施工的桩基础报废，而又无其他建塔场地，导致后果不堪设想。

然而，未经原设计人员认可的施工控制方案设计直接交给了有关单位。在设计人员向有关单位进行设计交底时，才见到错误的设计图纸。厂方只顾盈利，抓住错误的施工方案的高吨位不放，监理则坚持采用错误方案的"正式施工控制图纸"，将错就错，都不审视该方案的错误所在和带来的后果。这些对于结构专业人员来说，都是不可思议的。但是，作为一个工程设计人员，必须坚持设计原则。

正确可行的定位控制方案应立足于构架顶部的法兰盘。即利用基础构架立柱顶部的法兰盘及其螺孔设置可调的固定支架和柔性拉索，待基础混凝土硬化后拆除（图6-6）。

图6-6　基础构架的固定支架实施方案

这个方案既不改变原桩基础设计，又不影响杯体基础施工，且保护了钢管立柱顶部与上部结构连接的法兰盘构造。因此，这个方案也是唯一的最佳方案。

9. 基础骨架上部螺栓的螺母和垫圈应予镀锌

塔桅基础骨架考虑与混凝土的粘结强度，又埋在基础混凝土中，通常是不进行热镀锌的，上面外露的螺栓部分涂以黄油、凡士林一类的防锈油脂。但是，露在外部的螺母和垫圈几乎也未进行防锈处理，以致施工结束后，上部结构崭新锃亮，而下面基础骨架的螺母和垫圈已经锈蚀，既不协调，又不便更换，更不利安全。即使有的工程最后将外露的基础骨架和紧固件浇以混凝土保护，但对于骨架上部的螺母和垫圈应该采用热镀锌，以免施工期间锈蚀。

10. 自立塔钢筋混凝土基础的浇筑

自立塔的钢筋混凝土基础因为抗拔，设计要求一次浇筑（包括基础之间的联系梁），不得留施工缝，但是在实施中，由于施工单位的施工力量、混凝土的供应情况以及突发事件，如雷阵雨等，很难满足设计要求。因此，可以参照《混凝土结构设计规范》GB 50010，采用插筋的方法（宜在台阶之间）。

钢筋的插入长度（一端）：

$$l_a = \alpha \frac{f_y}{f_t} d \qquad (6-3)$$

式中，f_y——钢筋的抗拉强度设计值；

　　　f_t——混凝土轴心抗拉强度设计值；

　　　d——钢筋的公称直径；

　　　α——钢筋的外形系数，光面钢筋取 0.16，带肋钢筋取 0.14。

钢筋的最小插筋百分率为 0.2 和 $45f_t/f_y$ 中的较大值。

11. 多边形锥型卷管的边长确定

不同直径的多边形锥型卷管的边长确定，也就是锥型卷管边数的划分，工厂的制作人员都是现场手工计算，即分别用梯形钢板上、下端的总边长除以锥型卷管的边数，得出上、下端锥型卷管的每边长度，然后再在钢板两端量出每边的边长，最后才进行轧制。这种原始的方法，不仅费时，而且有误差，因为算得的边长不一定是整数。

其实，大家都学过平面几何，这种工艺若能应用平行线与斜线相交的原理，只需一把直尺，不用 3 秒钟的时间就能解决的问题，而且绝对平均，没有误差，事半功倍。具体作法，留给读者。

12. 我国规范的编号

GB—国家强制性标准；

GB/T—国家非强制推荐性标准（主要用于材料）；

GBJ—国家工程建设强制性标准；

GBJ/T—国家工程建设非强制推荐性标准；

JGJ—建设部建筑工程行业标准；

GY—广播电视行业标准；

YB—冶金行业标准；

CECS—中国工程建设标准化协会标准；

DB—地区性标准；

DBJ—地区性工程建设标准。

塔桅结构设计常用规范与标准见〔附录一〕（版本列至 2015 年）。

附　录

【附录一】塔桅结构设计常用规范与标准

一、设计、施工规范与标准

1. 《工程场地地震安全性评价》　　　　　　　GB 17741—2005
2. 《中国地震动参数区划图》　　　　　　　　GB 18306—2015
3. 《建筑地基基础设计规范》　　　　　　　　GB 50007—2011
4. 《建筑结构荷载规范》　　　　　　　　　　GB 50009—2012
5. 《混凝土结构设计规范》　　　　　　　　　GB 50010—2010
6. 《建筑抗震设计规范》　　　　　　　　　　GB 50011—2010
7. 《建筑设计防火规范》　　　　　　　　　　GB 50016—2014
8. 《钢结构设计规范》　　　　　　　　　　　GB 50017—2003
9. 《岩土工程勘察规范（2009年版）》　　　　GB 50021—2001
10. 《湿陷性黄土地区建筑规范》　　　　　　　GB 50025—2004
11. 《工程测量规范》　　　　　　　　　　　　GB 50026—2007
12. 《工业建筑防腐蚀设计规范》　　　　　　　GB 50046—2008
13. 《烟囱设计规范》　　　　　　　　　　　　GB 50051—2013
14. 《建筑物防雷设计规范》　　　　　　　　　GB 50057—2010
15. 《建筑结构可靠度设计统一标准》　　　　　GB 50068—2001
16. 《钢筋混凝土筒仓设计规范》　　　　　　　GB 50077—2003
17. 《膨胀土地区建筑技术规范》　　　　　　　GB 50112—2013
18. 《构筑物抗震鉴定标准》　　　　　　　　　GB 50117—2014

19. 《混凝土外加剂应用技术规范》　　　　　　GB 50119—2013

20. 《高耸结构设计规范》　　　　　　　　　　GB 50135—2006

21. 《工程结构可靠性设计统一标准》　　　　　GB 50153—2008

22. 《构筑物抗震设计规范》　　　　　　　　　GB 50191—2012

23. 《建筑工程抗震设防分类标准》　　　　　　GB 50223—2008

24. 《建筑边坡工程技术规范》　　　　　　　　GB 50330—2013

25. 《混凝土电视塔结构技术规范》　　　　　　GB 50342—2003

26. 《混凝土结构加固设计规范》　　　　　　　GB 50367—2013

27. 《钢结构焊接规范》　　　　　　　　　　　GB 50661—2011

28. 《钢管混凝土结构技术规范》　　　　　　　GB 50936—2014

29. 《预应力筋用锚具、夹具和连接器》　　　　GB/T 14370—2015

30. 《工程结构设计基本术语标准》　　　　　　GB/T 50083—2014

31. 《建筑结构制图标准》　　　　　　　　　　GB/T 50105—2010

32. 《工程结构设计通用符号标准》　　　　　　GB/T 50132—2014

33. 《土的工程分类标准》　　　　　　　　　　GB/T 50145—2007

34. 《建设工程监理规范》　　　　　　　　　　GB/T 50319—2013

35. 《钢筋混凝土升板结构技术规范》　　　　　GBJ 130—1990

36. 《高层建筑混凝土结构技术规程》　　　　　JGJ 3—2010

37. 《空间网格结构技术规程》　　　　　　　　JGJ 7—2010

38. 《冷拔低碳钢丝应用技术规程》　　　　　　JGJ 19—2010

39. 《建筑地基处理技术规范》　　　　　　　　JGJ 79—2012

40. 《钢结构高强度螺栓连接技术规程》　　　　JGJ 82—2011

41. 《软土地区岩土工程勘察规程》　　　　　　JGJ 83—2011

42. 《无粘结预应力混凝土结构技术规程》　　　JGJ 92—2016

43. 《建筑桩基技术规范》　　　　　　　　　　JGJ 94—2008

44. 《高层民用建筑钢结构技术规程》　　　　　JGJ 99—2015

45. 《玻璃幕墙工程技术规范》　　　　　　　　JGJ 102—2003

46. 《建筑抗震加固技术规程》　　　　　　　　JGJ 116—2009

47. 《冻土地区建筑地基基础设计规范》　　　　JGJ 118—2011

48.《建筑基坑支护技术规程》 JGJ 120—2012

49.《组合结构设计规范》 JGJ 138—2016

50.《预应力混凝土结构抗震设计规程》 JGJ 140—2004

51.《工程抗震术语标准》 JGJ/T 97—2011

52.《大直径扩底灌注桩技术规程》 JGJ/T 225—2010

53.《广播电视钢塔桅防腐蚀保护涂装》 GY 64—2010

54.《广播电视钢塔桅制造技术条件》 GY 65—2010

55.《钢塔桅结构设计规范》 GY 5001—2004

56.《广播电视工程测量规范》 GY 5013—2005

57.《广播电影电视建筑抗震设防分类标准》 GY 5060—2008

58.《广播电视建筑设计防火规范》 GY 5067—2003

59.《调频广播、电视发射台场地选择标准》 GY 5068—2001

60.《中波、短波发射台场地选择标准》 GY 5069—2001

61.《钢塔桅结构防腐蚀设计标准》 GY 5071—2004

62.《钢骨混凝土结构技术规程》 YB 9082—2006

63.《建筑基坑工程技术规范》 YB 9258—97

64.《钢结构防火涂料应用技术规范》 CECS 24：90

65.《钢管混凝土结构技术规程》 CECS 28：2012

66《钢结构加固技术规范》 CECS 77：96

67.《钢筋混凝土承台设计规程》 CECS 88：97

68.《高强混凝土结构技术规程》 CECS 104：99

69.《建筑钢结构防火技术规范》 CECS 200：2006

70.《预应力钢结构技术规程》 CECS 212：2006

71.《钢结构单管通信塔技术规程》 CECS 236：2008

72.《组合楼板设计与施工规范》 CECS 273—2010

73.《北京地区建筑地基基础勘察设计规范》 DBJ 11—501—2009

74.《北京地区大直径灌注桩技术规程》 DBJ 01—502—99

75.《移动通信工程钢塔桅结构设计规范》 YD/T 5131—2005

76.《海上固定平台入级与建造规范（钢结构部分）》中国船舶检验局

二、检测、验收规范与标准

1. 《混凝土质量控制标推》　　　　　　　　　　　　　　GB 50164—2011

2. 《建筑地基基础工程施工质量验收规范》　　　　　　GB 50202—2002

3. 《混凝土结构工程施工质量验收规范》　　　　　　　GB 50204—2015

4. 《钢结构工程施工质量验收规范》　　　　　　　　　GB 50205—2001

5. 《建筑工程施工质量验收统一标准》　　　　　　　　GB 50300—2013

6. 《钢结构焊接规范》　　　　　　　　　　　　　　　GB 50661—2011

7. 《焊缝无损检测超声检测技术、检测等级和评定》　GB/T 11345—2013

8. 《钢及钢产品 交货一般技术要求》　　　　　　　GB/T 17505—2016

9. 《混凝土强度检验评定标准》　　　　　　　　　　GB/T 50107—2010

10. 《混凝土结构试验方法标准》　　　　　　　　　　GB/T 50152—2012

11. 《建筑结构检测技术标准》　　　　　　　　　　　GB/T 50344—2004

12. 《钢结构现场检测技术标准》　　　　　　　　　　GB/T 50621—2010

13. 《超声回弹综合法检测混凝土强度技术规程》　　　CECS 02：2005

14. 《超声法检测混凝土缺陷技术规程》　　　　　　　CECS 21：2000

15. 《塔桅钢结构工程施工质量验收规程》　　　　　　CECS 80：2006

16. 《钢结构单管通信塔技术规程》　　　　　　　　　CECS 236：2008

17. 《钢桁架构件》　　　　　　　　　　　　　　　　JG/T 8—2016

18. 《钢结构超声波探伤及质量分级法》　　　　　　　JG/T 203—2007

19. 《建筑变形测量规范》　　　　　　　　　　　　　JGJ 8—2016

20. 《钢筋焊接及验收规程》　　　　　　　　　　　　JGJ 18—2012

21. 《建筑基桩检测技术规范》　　　　　　　　　　　JGJ 106—2014

22. 《回弹法检测混凝土抗压强度技术规程》　　　　　JGJ/T 23—2011

23. 《中短波广播天线馈线系统安装工程施工及验收规范》

　　　　　　　　　　　　　　　　　　　　　　　　GY 5057—2006

24. 《广播电视微波通信铁塔及桅杆质量验收规范》　　GY 5077—2007

25. 《广播通信钢塔桅可靠性检测鉴定规范》　　　　　GY/T 5089—2014

26.《钢结构检测评定及加固技术规程》 YB 9257—96

27.《钢结构、管道涂装技术规程》 YB/T 9256—96

28.《移动通信工程钢塔桅结构验收规范》 YD/T 5132—2005

29.《钢结构检测与鉴定技术规程》 DG/TJ 08—2011—2007

30.《涂装前钢材表面处理规范》 SY/T0407—2012

三、材料与产品标准

1.《碳素结构钢和低合金结构钢热轧薄钢板和钢带》 GB 912—2008

2.《钢筋混凝土用钢 第1部分：热轧光圆钢筋》 GB 1499.1—2008

3.《钢筋混凝土用钢 第2部分：热轧带肋钢筋》 GB 1499.2—2007

4《锌锭》 GB/T 470—2008

5.《优质碳素结构钢》 GB/T 699—2015

6.《碳素结构钢》 GB/T 700—2006

7.《热轧钢棒尺寸、外形、重量及允许偏差》 GB/T 702—2008

8.《热轧型钢》 GB/T 706—2016

9.《热轧钢板和钢带的尺寸、外形、重量及允许偏差》 GB/T 709—2006

10.《优质碳素结构钢热轧钢板和钢带》 GB/T 711—2017

11.《不锈钢焊条》 GB/T 983—2012

12.《铸造锌合金》 GB/T 1175—1997

13.《低合金高强度结构钢》 GB/T 1591—2008

14.《一般用途耐蚀钢铸件》 GB/T 2100—2002

15.《连续热镀锌钢板及钢带》 GB/T 2518—2008

16.《合金结构钢》 GB/T 3077—2015

17.《低压流体输送用焊接钢管》 GB/T 3091—2015

18.《冷拔异型钢管》 GB/T 3094—2012

19.《碳素结构钢和低合金结构钢热轧钢板和钢带》 GB/T 3274—2017

20.《花纹钢板》 GB/T 3277—1991

21.《不锈钢冷轧钢板和钢带》 GB/T 3280—2015

22.《耐候结构钢》　　　　　　　　　　　　　　　GB/T 4171—2008

23.《不锈钢热轧钢板和钢带》　　　　　　　　　　GB/T 4237—2015

24.《非合金钢及细晶粒钢焊条》　　　　　　　　　GB/T 5117—2012

25.《热强钢焊条》　　　　　　　　　　　　　　　GB/T 5118—2012

26.《厚度方向性能钢板》　　　　　　　　　　　　GB/T 5313—2010

27.《铸件 尺寸公差与机械加工余量》　　　　　　GB/T 6414 —1999

28.《结构用无缝钢管》　　　　　　　　　　　　　GB/T 8162—2008

29.《热轧 H 型钢和剖分 T 型钢》　　　　　　　　GB/T 11263—2017

30.《一般工程用铸造碳钢件》　　　　　　　　　　GB/T 11352—2009

31.《建筑用压型钢板》　　　　　　　　　　　　　GB/T 12755—2008

32.《碳素结构钢和低合金结构钢热轧条钢技术条件》GB/T 14292—1993

33.《结构用不锈钢无缝钢管》　　　　　　　　　　GB/T 14975—2012

34.《无缝钢管尺寸、外形、重量及允许偏差》　　　GB/T 17395—2008

35.《钢板网》　　　　　　　　　　　　　　　　　GB/T 33275—2016

36.《焊接 H 型钢》　　　　　　　　　　　　　　　YB/T 3301—2005

37.《不锈钢热轧等边角钢》　　　　　　　　　　　YB/T 5309—2006

38.《通用硅酸盐水泥》　　　　　　　　　　　　　GB 175—2007

39.《抗硫酸盐硅酸盐水泥》　　　　　　　　　　　GB 748—2005

40.《建筑石油沥青》　　　　　　　　　　　　　　GB/T 494—2010

41.《电子元器件结构陶瓷材料》　　　　　　　　　GB/T 5593—2015

四、紧固件标准

1.《标准型弹簧垫圈》　　　　　　　　　　　　　GB 93—1987

2.《 I 形六角螺母 C 级》　　　　　　　　　　　　GB/T 41—2016

3.《开槽盘头螺钉》　　　　　　　　　　　　　　GB/T 67—2016

4.《开槽沉头螺钉》　　　　　　　　　　　　　　GB/T 68—2016

5.《开口销》　　　　　　　　　　　　　　　　　GB/T 91—2000

6.《平垫圈 C 级》　　　　　　　　　　　　　　　GB/T 95—2002

7.《平垫圈 A 级》 GB/T 97. 1—2002

8.《地脚螺栓》 GB/T 799—1988

9.《六角盖型螺母》 GB/T 923—2009

10.《钢结构用高强度大六角头螺栓》 GB/T 1228—2006

11.《钢结构用高强度大六角螺母》 GB/T 1229—2006

12.《钢结构用高强度垫圈》 GB/T 1230—2006

13.《钢结构用高强度大六角头螺栓、大六角螺母、垫圈技术条件》 GB/T 1231—2006

14.《钢结构用扭剪型高强度螺栓连接副》 GB/T 3632—2008

15.《六角头螺栓 C 级》 GB/T 5780—2016

16.《六角头螺栓》 GB/T 5782—2016

17.《Ⅰ形六角螺母》 GB/T 6170—2015

18.《六角薄螺母》 GB/T 6172. 1—2016

五、钢丝绳及零构件标准

1.《重要用途钢丝绳》 GB 8918—2006

2.《船用卸扣》 GB/T 32—1999

3.《钢丝绳用普通套环》 GB/T 5974. 1—2006

4.《钢丝绳夹》 GB/T 5976—2006

5.《钢丝绳铝合金压制接头》 GB/T 6946—2008

6.《不锈钢丝绳》 GB/ T9944—2015

7.《粗直径钢丝绳》 GB/T 20067—2006

8.《一般用途钢丝绳》 GB/T 20118—2006

六、国外钢结构相关规范

1.《Load and resistance Factor design Specification for Structural Steel Buildings》 AISC-LRFD93 美国钢结构学会 1993

2.《Specification for the Design of Cold-Formed Steel Structural Members》

　　　　　　　　　　　　　　　　　　　　　　美国钢铁学会 AISI 1996

3.《钢结构焊接规范》　　　　　　　　　　　　美国焊接学会 1979

4. 美国的三个典型法规（85%的州和地方政府采用或以此为条款仿制）：

　　（1）《基本建筑法规》（Basic Building Code-BBC）

　　　　　　　　国际建筑公务员委员会和法规管理机构（BOCA）颁发

　　（2）《标准建筑法规》（Standard Building Code-SBC）

　　　　　　　　　　　　　　　　国际南方建筑法规委员会颁发

　　（3）《统一建筑法规》（Uniform Building Code-UBC）

　　　　　　　　　　　　　　　　　　国际建筑公务员委员会

5.《Working Draft. Steel structures materials and design》

　　　　　　　　　　　　　　　　　SO/TC167/SC1-N219 1989

6.《钢混组合梁设计与施工规范》　　德国规范学会，郑州工学院译 1983

7.《钢骨钢筋混凝土结构计算标准》　　　　　日本建筑学会 1987，06

8.《钢构造限界状态设计指针》　　　　AIJ98 日本建筑学会 1998

9.《钢结构塑性设计规范》　　　　　　　　　　　日本建筑学会

10.《钢管构造设计施工指针》　　　　　　　　日本建筑学会 1990

11.《高强螺栓结合设计与施工指南》　　　　　日本建筑学会 1983

12.《日本建筑结构抗震设计条例》　　　　　　日本建筑学会 1981

13.《结构构件焊接加固指南》　　　　　　　　　　　苏联 1979

14.《加拿大国家建筑法规　　　　　（National Building Code-NBC1990）

15.《美国土木工程师协会标准》

　　　　　（American Society of Civil Engineers Standards-ASCE 7-95）

16.《欧洲钢结构规范》　　EC3 <Common Unified Rules For Steel Structure>

17.《英国钢结构规范》　　　　　　　　　　　　BS 5950 -1990

18.《德国钢结构规范》　　　　　　　　　　　　DIN 18800-ii

19.《澳大利亚规范》　　　　　　　　　　　AN/NZS 4600：1996

20.《结构可靠性总原则》　　　　　　　　　国际标准 ISO 2394

【附录二】边宽1m三方纤绳中波桅杆定型设计计算结果（桅杆结构矩阵位移法）

附表2—1

桅杆高度(m)	基本风压(kN/m²)	层跨	杆身跨度(m)	主柱直径(mm)	纤绳直径(mm)	节点位移(cm)	纤绳拉力(kN)			杆身轴力(kN)		杆身弯矩(kN-m)			稳定性（设计值）(MPa)			桅杆整体稳定系数
							初拉力	最大拉力	安全系数	跨中	跨下	节点		跨间	构件跨间稳定	分肢稳定		
												跨下	跨上			跨间	节点	
88.5	0.40	1	27	40	16	5.8	12.8	25.3	4.70	237.2	246.7	0.0	-22.6	18.3	118.4	130.1	118.3	8.47
		2	27	40	20	11.1	28.2	47.2	3.92	185.5	195.0	29.4	-20.8	8.0	84.4	91.1	95.1	
		3	27	40	20	14.7	25.4	43.5	4.25	89.5	99.0	30.9	-4.2	11.6	50.7	57.0	41.0	
	0.60	1	27	45	18	7.1	16.7	37.7	3.98	309.1	319.9	0.0	-39.4	27.2	125.7	130.6	121.2	7.75
		2	27	45	22	15.0	34.9	67.8	3.30	242.0	252.8	50.3	-33.3	1.5	78.3	77.3	96.4	
		3	27	40	22	21.1	31.4	63.4	3.53	118.0	127.5	49.4	-5.6	17.1	69.2	78.2	54.1	
	0.80	1	27	45	20	7.8	21.2	50.4	3.67	386.1	396.9	0.0	-52.7	37.4	160.5	167.5	153.6	7.63
		2	27	45	24	16.8	42.2	90.0	2.97	304.1	314.9	67.4	-47.2	4.0	100.5	99.8	124.5	
		3	27	45	24	24.3	38.0	86.0	3.10	150.9	160.4	69.1	-7.0	23.7	72.0	76.9	51.5	

续表

桅杆高度 (m)	基本风压 (kN/m²)	层跨	杆身跨度 (m)	主柱直径 (mm)	纤绳直径 (mm)	节点位移 (cm)	纤绳拉力 (kN)			杆身轴力 (kN)		杆身弯矩 (kN-m)			稳定性（设计值）(MPa)			桅杆整体稳定系数
							初拉力	最大拉力	安全系数	跨中	跨下	节点跨下	节点跨上	跨间	构件跨间稳定	分肢稳定跨间	分肢稳定节点	
106.5	0.40	1	31.5	45	16	8.6	12.8	29.0	4.10	278.7	291.3	0.0	-35.7	27.1	123.5	121.0	109.4	5.83
		2	31.5	45	22	17.7	26.1	50.4	4.44	218.8	231.4	44.2	-37.5	22.2	97.9	96.2	91.8	
		3	31.5	40	22	28.9	31.4	68.0	3.29	117.0	128.0	49.8	-23.8	22.4	79.5	86.8	69.0	
	0.60	1	31.5	50	18	10.8	16.7	43.7	3.43	364.8	379.0	0.0	-54.9	43.9	138.4	131.2	115.1	5.86
		2	31.5	50	24	21.6	31.6	73.8	3.62	286.8	301.0	68.3	-61.4	5.4	84.8	74.7	99.4	
		3	31.5	45	24	34.9	38.0	85.3	3.13	154.5	167.1	80.0	-37.6	7.5	60.8	57.6	71.8	
	0.80	1	31.5	55	20	12.0	21.2	59.8	3.09	464.7	480.5	0.0	-74.6	60.8	149.6	137.8	119.4	5.54
		2	31.5	55	26	24.4	37.6	100.0	3.13	365.8	381.6	93.0	-87.0	7.4	90.2	76.7	105.0	
		3	31.5	50	26	41.5	45.2	116.5	2.69	198.5	212.7	113.9	-52.7	10.9	64.6	58.7	73.8	

续表

桅杆高度 (m)	基本风压 (kN/m²)	层跨	杆身跨度 (m)	主柱直径 (mm)	纤绳直径 (mm)	节点位移 (cm)	纤绳拉力 (kN)			杆身轴力 (kN)		杆身弯矩 (kN-m)			稳定性 (设计值) (MPa)			桅杆整体稳定系数
							初拉力	最大拉力	安全系数	跨中	跨下	节点		跨间	构件跨间稳定	分肢稳定		
												跨下	跨上			跨间	节点	
115.5	0.40	1	27	45	18	4.4	16.7	29.7	5.05	366.0	377.4	0.0	-28.6	17.4	133.8	136.0	132.1	4.18
		2	27	45	18	10.1	16.7	32.7	4.59	304.5	315.3	35.9	-22.4	9.4	106.2	106.8	109.0	
		3	27	40	22	16.7	34.9	59.7	3.75	238.8	248.3	30.3	-28.2	12.1	111.0	120.3	123.7	
		4	27	40	22	23.0	34.9	59.3	3.78	121.6	131.1	41.0	-2.9	26.9	83.2	96.3	53.3	
	0.60	1	27	50	20	5.5	21.2	42.0	4.40	444.5	456.7	0.0	-46.8	26.5	136.6	133.5	130.5	4.09
		2	27	50	20	14.4	21.2	49.6	3.73	365.9	378.1	57.9	-52.1	3.5	97.4	92.0	114.0	
		3	27	45	22	29.9	34.9	77.3	2.90	278.1	287.6	65.2	-45.3	8.7	97.1	97.7	115.2	
		4	27	45	22	46.8	34.9	78.0	2.87	142.5	152.0	64.8	-48.1	15.7	61.2	64.2	74.7	
	0.80	1	27	50	20	8.3	21.2	51.9	3.56	537.8	550.0	0.0	-64.0	35.7	168.3	165.1	161.5	3.53
		2	27	50	20	19.9	21.2	59.8	3.09	452.7	464.9	79.4	-48.6	16.7	130.7	125.9	133.3	
		3	27	45	24	34.4	42.2	105.2	2.54	355.1	364.6	65.4	-65.2	21.1	134.1	137.3	151.8	
		4	27	45	24	50.4	42.2	106.7	2.50	183.9	193.4	92.5	-5.9	54.7	114.0	60.3	61.0	

续表

桅杆高度(m)	基本风压(kN/m²)	层跨	杆身跨度(m)	主柱直径(mm)	纤绳直径(mm)	节点位移(cm)	纤绳拉力(kN) 初拉力	纤绳拉力(kN) 最大拉力	纤绳拉力(kN) 安全系数	杆身轴力(kN) 跨中	杆身轴力(kN) 跨下	杆身弯矩(kN-m) 节点 跨下	杆身弯矩(kN-m) 节点 跨上	杆身弯矩(kN-m) 跨间	稳定性(设计值)(MPa) 构件跨间稳定	稳定性(设计值)(MPa) 分肢稳定 跨间	稳定性(设计值)(MPa) 分肢稳定 节点	桅杆整体稳定系数
138	0.40	1	31.5	50	18	6.7	16.7	33.6	4.46	442.1	456.2	0.0	-41.2	27.9	146.8	134.3	127.1	3.91
		2	31.5	50	18	14.6	20.1	40.0	3.75	371.2	385.4	50.3	-35.2	14.5	116.0	104.0	107.0	
		3	31.5	45	24	24.0	38.0	69.9	3.82	290.4	303.0	45.4	-40.7	19.0	119.1	114.5	116.2	
		4	31.5	45	24	33.3	42.2	75.9	3.52	152.5	165.1	56.7	-24.1	32.2	85.2	88.1	62.7	
	0.60	1	31.5	55	20	8.6	21.2	48.9	3.78	541.4	557.1	0.0	-69.0	40.1	153.3	136.4	132.0	3.35
		2	31.5	55	20	21.1	21.2	56.0	3.30	451.2	466.9	83.2	-57.7	16.3	116.2	100.3	110.1	
		3	31.5	50	24	38.5	42.2	97.5	2.74	350.5	364.6	73.4	-79.5	18.8	113.7	103.2	123.7	
		4	31.5	50	24	61.8	42.2	101.0	2.64	180.4	194.6	104.7	-38.5	42.7	85.7	87.8	62.5	
	0.80	1	31.5	60	20	12.4	21.1	60.7	3.05	651.2	667.0	0.0	-89.6	57.2	160.9	140.6	132.6	2.74
		2	31.5	60	20	28.3	25.4	73.0	2.53	552.1	567.8	108.6	-71.4	27.4	124.3	105.6	111.0	
		3	31.5	50	26	47.0	45.2	125.5	2.49	433.7	447.9	92.6	-91.0	39.0	153.7	143.1	149.5	
		4	31.5	50	26	67.1	51.1	137.6	2.27	230.4	244.6	124.9	-50.5	66.0	118.9	120.3	80.5	

续表

桅杆高度 (m)	基本风压 (kN/m²)	层跨	杆身跨度 (m)	主柱直径 (mm)	纤绳直径 (mm)	节点位移 (cm)	纤绳拉力 (kN)		安全系数	杆身轴力 (kN)		杆身弯矩 (kN·m)			稳定性 (设计值) (MPa)			桅杆整体稳定系数
												节点			构件	分肢稳定		
							初拉力	最大拉力		跨中	跨下	跨下	跨上	跨同	跨间稳定	跨间	节点	
142.5	0.40	1	27	50	18	4.6	16.7	30.1	4.98	490.0	507.8	0.0	-31.2	18.1	141.5	136.3	133.8	
		2	27	50	18	10.7	16.7	33.5	4.48	432.0	440.8	38.8	-26.1	7.7	117.9	118.9	117.3	
		3	27	50	20	18.4	21.2	45.0	4.11	362.2	374.4	34.5	-24.3	10.8	102.4	98.2	99.5	2.97
		4	27	45	24	27.9	38.0	69.6	3.84	276.0	288.2	45.4	-18.4	18.3	106.2	109.1	97.6	
		5	27	45	24	33.2	38.0	68.4	3.90	138.5	150.6	34.1	-11.5	31.4	75.9	82.7	50.4	
	0.60	1	27	55	20	5.7	21.2	42.4	4.36	648.8	660.9	0.0	-41.7	31.3	160.6	150.4	142.2	
		2	27	55	20	12.4	28.2	53.6	3.45	567.6	579.7	53.1	-47.6	10.7	129.2	118.5	128.7	
		3	27	55	22	23.7	31.4	71.0	3.15	466.2	479.7	60.5	-74.2	-0.8	100.4	90.7	119.5	2.84
		4	27	50	26	42.7	42.2	95.5	3.26	344.0	357.5	92.3	-23.1	22.6	107.5	105.4	94.5	
		5	27	50	26	56.1	42.2	95.9	3.26	174.0	187.5	46.9	-2.0	62.3	96.2	103.0	43.1	
	0.80	1	27	60	20	8.4	21.2	52.1	3.55	738.3	750.4	0.0	-68.5	36.0	154.7	140.8	139.7	
		2	27	60	20	20.6	21.2	60.7	3.05	650.7	662.9	84.1	-53.8	12.6	125.4	111.8	121.0	
		3	27	60	22	36.1	26.1	82.7	2.71	535.4	548.9	71.2	-74.2	19.6	115.6	97.9	109.2	2.20
		4	27	50	26	55.9	45.2	126.3	2.48	405.5	418.5	97.5	-47.2	32.1	104.7	129.5	121.2	
		5	27	50	26	71.0	45.2	126.4	2.48	208.6	212.3	80.6	-2.4	76.0	60.1	124.8	52.5	

续表

桅杆高度 (m)	基本风压 (kN/m²)	层跨	杆身跨度 (m)	主柱直径 (mm)	纤绳直径 (mm)	节点位移 (cm)	纤绳拉力 (kN) 初拉力	纤绳拉力 (kN) 最大拉力	纤绳拉力 (kN) 安全系数	杆身轴力 (kN) 跨中	杆身轴力 (kN) 跨下	杆身弯矩 (kN·m) 节点 跨下	杆身弯矩 (kN·m) 节点 跨上	杆身弯矩 (kN·m) 跨间	稳定性(设计值)(MPa) 构件跨间稳定	稳定性 分肢稳定 跨间	稳定性 分肢稳定 节点	桅杆整体稳定系数
160.5	0.40	1	27	50	18	4.4	16.7	29.6	5.07	552.5	564.7	0.0	-30.0	19.0	158.3	152.3	148.4	3.0
		2	27	50	18	10.5	22.3	39.3	3.82	487.7	499.9	37.3	-33.1	3.9	129.2	125.1	134.2	
		3	31.5	50	20	19.5	25.4	50.3	3.68	406.5	420.7	42.4	-41.9	21.9	132.0	119.8	118.9	
		4	31.5	45	24	31.3	42.2	77.8	3.43	308.4	321.0	54.1	-53.4	13.8	120.2	113.5	129.8	
		5	31.5	45	24	48.4	42.2	79.1	3.38	157.3	169.9	71.2	-26.2	24.9	79.5	80.4	65.5	
	0.60	1	27	55	20	5.6	21.2	42.1	4.39	721.4	734.4	0.0	-48.2	28.5	174.3	162.3	158.8	2.68
		2	27	55	20	14.1	28.2	56.7	3.26	640.4	653.9	59.5	-53.5	2.6	139.3	126.2	145.2	
		3	31.5	55	22	27.2	31.4	73.4	3.05	555.9	571.6	68.0	-61.7	34.4	152.8	134.8	132.0	
		4	31.5	50	26	42.5	51.1	113.2	2.77	407.3	421.5	80.9	-82.1	26.1	135.7	124.1	138.7	
		5	31.5	50	26	63.4	51.1	116.8	2.68	209.3	293.5	110.1	-1.3	40.5	92.0	90.3	70.8	
	0.80	1	27	60	20	8.6	21.2	52.8	3.50	807.8	822.7	0.0	-81.1	32.5	165.3	149.6	154.8	2.08
		2	27	60	20	23.3	21.2	65.7	2.82	717.1	731.9	97.1	-71.8	-2.9	131.0	115.2	137.4	
		3	31.5	60	22	44.7	26.1	91.0	2.46	607.5	624.9	91.4	-90.4	46.6	146.2	126.8	125.9	
		4	31.5	55	26	68.5	45.2	135.9	2.30	464.1	479.5	117.4	-95.2	42.2	136.8	123.1	127.3	
		5	31.5	55	26	94.1	51.1	147.3	2.12	244.9	260.7	132.7	-56.4	63.9	100.5	97.6	69.6	

注:
(1) 杆身钢材：Q235—B。
(2) 纤绳规格：6×37+FC—φ—1570。
(3) 节点弯矩按顺时针为正值。
(4) 本设计纤绳直径最大取φ26（可以编插连接），表中有的情况安全系数<2.5，应用时应予调整。

附表2—2

桅杆高度 (m)	裹冰厚度 (mm)	相应风压/相应气温	层跨	杆身跨度 (m)	主柱直径 (mm)	纤绳直径 (mm)	节点位移 (cm)	纤绳拉力 (kN) 初拉力	纤绳拉力 (kN) 最大拉力	安全系数	杆身轴力 (kN) 跨中	杆身轴力 (kN) 跨下	杆身弯矩 (kN·m) 节点 跨下	杆身弯矩 (kN·m) 节点 跨上	杆身弯矩 (kN·m) 跨间	稳定性(设计值)(MPa) 构件 跨间稳定	稳定性(设计值)(MPa) 分肢稳定 跨间	稳定性(设计值)(MPa) 分肢稳定 节点	桅杆整体稳定系数
138	2		1	31.5	55	20	4.1	21.2	39.0	4.74	593.9	617.2	0.0	-28.5	32.0	160.1	140.3	126.4	4.64
	2		2	31.5	55	20	7.2	21.2	41.4	4.47	485.5	508.8	35.9	-21.1	6.9	117.7	99.6	102.4	
			3	31.5	50	24	10.5	38.0	68.1	3.92	369.5	390.9	28.1	-22.0	9.8	111.6	99.0	100.2	
			4	31.5	50	24	13.4	38.0	69.3	3.85	188.5	209.9	31.2	-12.4	6.4	58.1	51.9	51.7	
142.5		相应风压: 0.20kN/m²; 相应气温: -5℃	1	27	55	20	2.9	21.2	36.5	5.07	685.1	705.1	0.0	-21.4	22.3	162.1	150.4	141.3	3.81
			2	27	55	20	5.8	21.2	39.1	4.73	584.7	604.7	27.8	-19.2	0.3	125.8	113.6	124.7	
			3	27	55	22	9.2	21.2	42.7	5.25	477.5	497.5	25.0	-8.1	7.6	107.7	98.6	95.8	
			4	27	50	26	10.2	38.0	67.9	4.61	361.5	319.9	15.0	-3.7	16.9	107.3	104.0	89.3	
			5	27	50	26	7.0	38.0	67.7	4.62	181.2	199.6	12.5	-0.5	17.6	61.3	61.1	44.1	
160.5			1	27	55	20	2.9	21.2	36.4	5.08	786.3	806.3	0.0	-21.6	23.0	184.5	170.5	161.0	3.50
			2	27	55	20	5.8	21.2	39.5	4.68	686.2	706.2	28.0	-18.8	2.4	149.0	135.0	140.5	
			3	31.5	55	22	8.8	26.1	50.6	4.43	574.6	597.9	25.5	-17.7	19.9	147.3	127.0	118.4	
			4	31.5	50	26	9.5	45.2	78.9	3.97	437.9	459.3	25.7	-18.1	16.8	136.6	122.4	114.8	
			5	31.5	50	26	7.9	51.1	87.0	3.60	230.4	251.8	27.8	-11.9	11.2	73.8	66.7	59.7	

【附录三】 钢塔架构件定型设计

钢塔架构件法兰盘型规格表

件号：F (25-90-1)

单位：mm

附表3-1

螺栓抗拉承载力表

单位：kN

n	1	3	4	6	8	9	12	16	18
M16	21.2	63.6	84.8	127.2					
M20	33.1	99.3	132.4	198.6	264.8				
M24	47.7	143	190.8	286.2	381.6	429.3			
M30	75.7	227		454.2	605.6	681.3	908.4		
M36	110.3				882.7	992.7	1323.6	1764.8	
M42	151.3				1210.4	1361.7	1815.6	2420.8	2723.4
M48	198.9				1591.2	1790.1	2386.8	3182.4	3580.2

说明：1. 表号附挂栏基数为法兰单盘重量(kg)。2. 当件号尾数后缀注法兰需加劲板时，带箭头数加劲板(—4)。3. 机理挂栏布置，例 钢栓 φ245，连接螺栓8M36，贴连三主螺栓对F1517.

角钢上下柱肢连接构造

附表3-2

构件c(25-90-2)　　单位：mm

连接件 上肢 / 下肢	L200x		L160x		L140x		L125x		L100x	L90x	L80x	L75x
	20	18	16	14	14	12	12	10	10	8	8	6
	1	2	3	4	5	6	7	8	9	10	11	12	13	14
L200x 20 (1)	18M20 s=5d											
L200x 18 (2)	16M20 s=5.5d											
L160x 16 (3)	14M20 s=6.5d											
L160x 14 (4)	14M20 s=6.5d											
L140x 16 (5)	L200x14/160x14 12M20 s=6d											
L140x 14 (6)	L200x14/160x14 10M20 s=6d											
L125x 14 (7)	10M20 s=6.5d	L160x12/125x12 8M20 s=4.5d									
L125x 12 (8)		L140x12/125x10 8M20 s=3.5d									
L100x 12 (9)		6M20 s=5.5d									
L100x 10 (10)			6M20 s=4d								
L90x 10 (11)			L100x8/80x8 6M20 s=4.5d								
L90x 8 (12)			L100x8/80x8 / L90x8 8M16 s=3d								
L80x 8 (13)				L90x8/- / L80x6/- 6M16 s=3.5d							
L75x 6 (14)				6M16 6M16							

说明：
1. 本连接接头螺栓按承受与被连接杆件中各自的轴力控制。
2. 对称连接角钢，被连接杆件一定的交点之外，且由丁受弯及轴向应，需孔或减少多量肢限，d为钉孔直径。
3. 上下肢如不相等按连接角钢上肢直径取值。
4. 外露节点专项板按规定支撑采用。
5. 表埋接头专标注：如下支孔200x16，上支板L160x14，其连接螺栓为C0306.

附表3-2

附表3—3

螺栓和承压板承载能力及螺孔距离

螺栓 型号	抗拉 载力 (kN)	承压板厚度 (mm)					螺孔距离 (mm)		
		8	10	12	14	16	a	b	c
		承压板承载能力 (kN)							
M16	20.11 40.21	30.72	38.40				30	30	35
M20	31.42 62.83		48.00	57.60			35	35	45
M24	45.24 90.48			69.12	80.64		35	40	50
M30	70.69 141.37				100.80	115.20	50	50	65

2M20

注：

1. 材料：钢管20，钢栓Q235B钢，螺杆采用E43型。
2. 承压板、连接螺栓、连接螺母及涂料层。
3. 采用压型钢板作承压板时，在钢栓与承压板间不应大于Φ10。
4. 螺孔与承压材半径为 Φ/(2+4 mm) 焊缝高度取4mm。
5. 顶杆柱螺上连接时顶板厚度不小于 t−2mm。
6. 当直杆螺大于Φ219时，螺栓连接应采用主盖板十字板，顶者节点考虑连接25−90−1，螺栓数量宜直接计算决定，后者接长度直接水平焊缝或焊缝及焊连，由件计算决定。
7. 此图型号注标，螺材数量计为11x6，螺栓连接螺栓为数根材料，其型号为A11−. I

钢管顶杆当端部构造

代号：A 2б−90−3　)

材料 型号	材料规格 Φ×δ	螺栓孔孔距 n−d	螺栓板孔尺寸 (mm)						
			e	s	t	h		I 普普有承压式 II
1	50x5	1−18	40	40	−	10		
2	60x5	1−18	40	40	−	10		
3	76x5	1−22	50	50	−	10		
4	89x6	2−18	20	40	12	−		
5		4−18	20	40	12	−		
6	102x6	2−18	20	40	14	40		
7		2−22	25	50	14	40		
8		2−22	25	50	14	45		
9		2−18	20	40	12	−		
10		4−18	20	40	14	45		
11	114x6−7	2−22	25	50	16	45		
12		4−22	30	60	16	−		
13		2−22	25	50	14	50		
14		4−26	30	60	16	−		
15	127x6−7	2−22	25	50	16	50		
16		2−26	30	60	16	−		
17		4−22	30	50	16	50		
18		2−22	25	50	14	55		
19	133x6−8	2−26	30	60	16	−		
20		4−26	30	60	16	55		
21		4−26	35	90	14	50	10	
22	159x8	4−26	35	100	15	80	10	
23		4−26	35	120	18	25	10	
24		4−32	40	120	16	80	10	
25	219x8	4−26	35	100	16	80	10	
26		4−32	40	120	18	80	10	

附表3-4

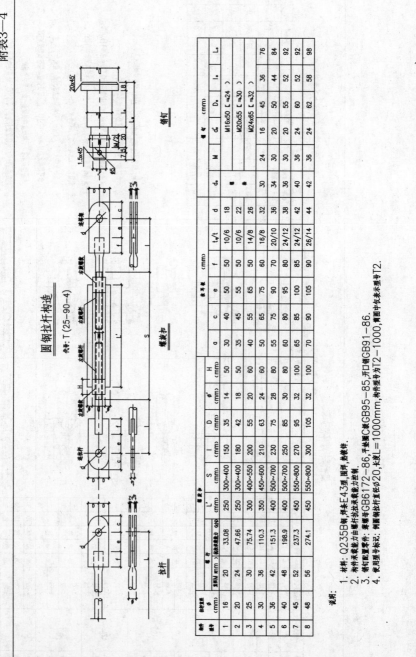

圆钢拉杆构造
（代号：T（25—90—4））

说明：
1. 材料：Q235B钢，焊条E43型围焊，塞焊样。
2. 构件承载能力由螺杆拉杆及拉环承载力控制。
3. 镦钉配置要求：穿钉专GB6172—86,平垫圈C级专GB95—85,开口镦GB91—86。
4. 使用型号标注：钢圆钢拉杆直径ø20,长度L=1000mm,构件型专T2—1000,构图中未表示型专T2。

[附录四] 蛋形绝缘子质量及挡风面积

附表 4—1

型号	质量（kg）裹冰（cm）					挡风面积（cm²）裹冰（cm）					最大绳径（mm）	容许工作拉力（kN）	连接 绑线	连接 绑长
	0	1	2	3	4	0	1	2	3	4				
DJ₁	0.25 (0.315)	0.4	0.65	1.01	1.51	38	66	101	144	194	1×7 φ7.8	20	φ2.6	一端>25φ（绳径）
DJ₂	0.55 (0.625)	0.78	1.12	1.60	2.23	60	94	136	185	242	φ9.0	30	φ3.0	
DJ₃	1.05 (1.20)	1.39	1.87	2.51	3.33	96	138	187	244	309	φ12.0	50	φ3.2	
DJ₄	1.70 (2.20)	2.17	2.79	3.59	4.59	134	182	238	302	373	6×37+FC φ18	60		编插 l=(20~25) φ（5个回扣）
DJ₅	3.30 (3.40)	3.99	4.86	5.95	7.27	204	263	330	404	485	φ20	75		
DJ₆	4.70 (5.0)	5.62	6.74	8.12	9.74	276	344	420	503	594	φ26	120		
DJ₇	6.50	7.60	8.94	10.54	12.40	337	411	494	584	682	6×19+FC		绳夹（4个，@6φ）	

注：
(1) 表内质量及挡风面积未包括绳头。
(2) 质量栏内带括号的备料号为高频瓷，一般为普通电力瓷。
(3) 钢丝绳的备料长度约为计算长度的 1.3~1.5 倍。
(4) 钢丝绳与蛋形绝缘子的连接：绳径 φ7.8~φ12.0，采用绑扎；φ18~φ26，采用编插。
(5) 蛋形绝缘子图号：RZ7.890.92x。

[附录五] 普通螺栓、锚栓连接承载能力

附表5—1

公称直径(mm)	容许值 (kN)		C级-4.6、4.8级设计值 (kN)		A、B级-8.8级设计值 (kN)		锚栓 Q235 钢抗拉 (kN)	
	抗拉	抗剪	抗拉	抗剪	抗拉	抗剪	容许值	设计值
12	11.34	11.31	142.80	158.3	336.0	361.9		
16	21.20	20.11	266.30	281.5	628.2	643.5	17.3	26.9
20	33.08	31.42	416.15	439.9	980.2	1005.4	27.0	34.3
24	47.66	45.24	599.26	633.4	1412.2	1447.7	38.8	49.4
30	75.74	70.69	953.0	989.7	2244.2	2262.1	61.7	78.5
36	110.30	101.79	1388.43	1425.1	3268.2	3257.3	89.9	114.3
42	151.34	138.54	1905.55	1939.6	4484.2	4433.3	123.3	156.9
48	198.86	181.0	2504.35	2534.	5892.2	5792.0	162.0	206.2
52	237.30	212.37	2988.32	2973.2	7031.2	6795.8	193.4	246.1
56	274.05	246.30	3451.03	3448.2	8120.1	7881.6	223.3	284.2
60	318.90	282.70	4015.44	3957.8	9449.0	9046.4	259.8	330.7
68	412.50	363.20	5194.0	5084.8	12222.4	11622.4	336.1	427.7

注：A级螺栓用于 d≤24mm 和 l≤10d 或 l≤150mm（取较小值）的螺栓；B级螺栓用于 d>24mm 和 l>10d 或 l>150mm（取较小值）的螺栓。

d 为螺栓公称直径，l 为螺杆公称长度。

【附录六】土的黏聚力 c（kN/m^2）和内摩擦角 φ（°）

黏性土的黏聚力和内摩擦角　　　　　　　附表6—1

塑性指数 (I_P)	抗剪强度指标	天然空隙比 (e)					
		0.6	0.7	0.8	0.9	1.0	1.1
3	C	18	10				
	φ	31	30				
5	C	28	20	13			
	φ	28	27	26			
7	C	28	30	22			
	φ	25	24	23			
9	C	47	38	31	24		
	φ	22	21	20	19		
11	C	54	45	38	31	24	
	φ	20	19	18	17	15	
13	C	59	51	43	36	30	
	φ	18	17	16	15	13	
15	C	62	55	48	41	34	27
	φ	16	15	14	13	11	9
17	C	66	58	51	43	37	31
	φ	14	13	12	11	10	8
19	C	68	60	52	45	38	32
	φ	13	12	11	10	8	6

黏性土的黏聚力和内摩擦角

附表6—2

抗剪强度指标	土的塑性状态		
	硬塑	可塑	软塑
C	40~50	30~40	20~30
φ	15~10	10~5	5~0

砂类土的内摩擦角 φ（°）

附表6—3

砂类土名称	密实度		
	密实	中密	稍密
砂砾、粗砂	45~40	40~5	35~30
中砂	40~35	35~30	30~25
细砂、粉砂	35~30	30~25	25~20

注：空隙比 e 小者，φ 取大值。

【附录七】钢管轴心受拉和轴心受压承载能力表

说　明

钢管轴心受拉和轴心受压承载能力表是根据《钢结构设计规范》和《结构用无缝钢管》标准制定，钢号选用 20 号钢和 16Mn 钢，如用其他钢号可参照本说明计算表达式计算，因尺寸公差引起的承载能力的变幅列在表右。

轴心受拉构件的承载能力设计值：

$$N = A \cdot f$$

轴心受压构件的承载能力设计值：

$$N_c = \varphi \cdot A \cdot f$$

钢材的屈服强度（N/mm²）　　附表 7-1-0

厚度（mm）	20 号钢	16Mn 钢
$t \leqslant 22$	245	325
$t > 22 \sim 30$	235	315

式中，f——钢材的抗拉、抗压强度设计值：

　　　20 号钢　$f = f_y / 1.087$，

　　　16Mn 钢　$f = f_y / 1.111$；

其中，f_y——钢材的屈服强度，取值参考右表；

　φ——轴心受压构件的稳定系数：

$$\varphi = \frac{1}{2\bar{\lambda}^2} \left[\left(\alpha_2 + \alpha_3\bar{\lambda} + \bar{\lambda}^2 \right) - \sqrt{\left(\alpha_2 + \alpha_3\bar{\lambda} + \bar{\lambda}^2 \right)^2 - 4\bar{\lambda}^2} \right]$$

其中，$\bar{\lambda}$——假定长细比：

$$\bar{\lambda} = \frac{\lambda}{\pi} \sqrt{f_y / E}；$$

　　　λ——长细比；

系数取值为：$\alpha_2 = 0.986$；$\alpha_3 = 0.152$

一、钢管轴心受拉和轴心受压承载能力表（20号钢）

附表7-1-1

外径 d (mm)	壁厚 t (mm)	截面面积 A (cm²)	回转半径 i (cm)	抗拉力设计值 N (kN)	标准尺寸轴心受压稳定时的承载力设计值 Nc (kN) 当计算长度 l₀ (m) =												尺寸偏差引起 Nc 变化范围 (%)	
					0.5	1.0	1.5	2.0	2.5	3.0	3.5	4.0	4.5	5.0	5.5	6.0	增强	减弱
32	4	3.52	1.00	79.2	72.3	49.2	25.9	15.2	9.9								13.1	12.9
	5	4.24	0.97	95.4	86.6	57.1	29.5	17.3									13.9	12.1
	6	4.90	0.94	110.3	99.6	63.5	32.4	18.9									13.1	11.6
38	4	4.27	1.21	96.1	90.0	72.5	43.6	26.3	17.3	12.2							12.9	12.8
	5	5.18	1.18	116.6	108.9	86.2	50.8	30.5	20.0								14.1	12.2
	6	6.03	1.15	135.7	126.3	98.2	56.7	33.9	22.2								13.5	11.8
42	4	4.78	1.35	107.4	101.7	87.0	57.9	35.9	23.8	16.9							12.8	12.7
	5	5.81	1.32	130.8	123.5	104.5	68.0	41.9	27.8	19.7							14.2	12.2
	6	6.79	1.29	152.7	143.9	120.4	76.7	47.0	31.1	22.0							13.7	11.9
45	4	5.15	1.46	115.9	110.4	97.2	69.4	44.2	29.6	21.0	15.7						12.8	12.7
	5	6.28	1.43	141.4	134.4	117.5	82.2	52.0	34.7	24.6	18.3						14.2	12.2
	6	7.35	1.40	165.4	157.0	136.1	93.3	58.5	39.0	27.6							13.8	11.9
50	4	5.78	1.63	130.1	124.9	113.5	89.1	60.1	40.9	29.2	21.9	16.9					12.7	12.6
	5	7.07	1.60	159.0	152.5	138.0	106.7	71.2	48.3	34.5	25.7	19.9					14.3	12.2
	6	8.29	1.57	186.6	178.7	160.9	122.5	80.9	54.7	39.0	29.1						13.9	12.0

续表

外径 d (mm)	壁厚 t (mm)	截面面积 A (cm²)	回转半径 i (cm)	抗拉力设计值 N (kN)	标准尺寸轴心受压稳定时的承载力设计值 Nc (kN) 当计算长度 l₀ (m) =												尺寸偏差引起 Nc 变化范围 (%)	
					0.5	1.0	1.5	2.0	2.5	3.0	3.5	4.0	4.5	5.0	5.5	6.0	增强	减弱
54	4	6.28	1.77	141.4	136.4	126.0	104.6	74.4	51.5	37.1	27.8	21.6					12.9	12.8
	5	7.07	1.74	173.2	166.9	153.7	126.2	88.7	61.1	43.9	32.9	25.5					14.5	12.3
	6	9.05	1.71	203.6	196.0	179.9	146.0	101.4	69.6	49.9	37.4	29.0					14.1	12.1
57	4	6.66	1.88	149.9	145.0	135.2	115.9	85.8	60.4	43.7	32.9	25.5	20.4				13.1	12.9
	5	8.17	1.85	183.8	177.7	165.3	140.4	102.6	71.9	52.0	39.0	30.3	24.2				14.6	12.4
	6	9.61	1.82	216.3	209.0	193.8	163.1	117.8	82.2	59.2	44.5	34.5	27.5				14.2	12.2
60	4	7.04	1.98	158.3	153.7	144.3	126.7	97.5	70.0	51.0	38.5	29.9	23.9				13.2	13.1
	5	8.64	1.95	194.4	188.5	176.7	154.1	117.2	83.6	60.8	45.8	35.6	28.4				14.7	12.5
	6	10.18	1.92	229.0	221.9	207.5	179.7	135.1	95.8	69.5	52.3	40.7	32.5				14.3	12.3
64	4	7.48	2.11	168.2	163.7	154.8	138.9	111.3	82.0	60.3	45.7	35.6	28.5	23.3			13.4	13.2
	5	9.19	2.08	206.8	201.1	189.8	169.5	134.4	98.3	72.1	54.6	42.5	34.0	27.8			14.8	12.7
	6	10.84	2.04	243.9	237.0	223.3	198.3	155.7	113.1	82.8	62.5	48.7	38.9	31.8			14.5	12.3
68	4	8.04	2.27	181.0	176.7	168.1	154.0	129.1	98.4	73.6	56.1	43.9	35.2	28.8	24.0		13.5	13.3
	5	9.90	2.23	222.7	217.3	206.5	188.5	156.6	118.6	88.3	67.2	52.6	42.1	34.5	28.7		14.9	12.8
	6	11.69	2.20	263.0	256.4	243.4	221.3	182.3	137.0	101.8	77.4	60.4	48.4	39.6	33.0		14.6	12.4

附表7-1-2

外径 d (mm)	壁厚 t (mm)	截面面积 A (cm²)	回转半径 i (cm)	抗拉力设计值 N (kN)	标准尺寸轴心受压稳定时的承载力设计值 Nc (kN) 当计算长度 l_0 (m) =												尺寸偏差引起 Nc 变化范围(%)	
					1.0	1.5	2.0	2.5	3.0	3.5	4.0	4.5	5.0	5.5	6.0	6.5	增强	减弱
70	5	10.21	2.30	229.7	213.9	196.7	166.3	128.0	96.1	73.4	57.5	46.1	37.7	31.4			15.0	12.9
	6	12.06	2.27	271.4	252.3	231.2	194.0	148.2	110.9	84.5	66.2	53.0	43.4	36.2			14.6	12.5
	7	13.85	2.24	311.7	289.2	264.2	219.9	166.7	124.3	94.7	74.0	59.3	48.5	40.4			14.3	12.2
	8	15.58	2.21	350.6	324.7	295.5	244.0	183.7	136.5	103.8	81.1	65.0	53.2	44.3			14.0	12.0
73	5	10.68	2.41	240.3	224.9	208.8	180.6	142.5	108.3	83.2	65.3	52.5	43.0	35.9	30.3		15.1	13.0
	6	12.63	2.38	284.2	265.5	245.8	211.3	165.4	125.2	96.0	75.3	60.5	49.6	41.3			14.7	12.6
	7	14.51	2.35	326.6	304.7	281.3	240.1	186.6	140.8	107.7	84.5	67.8	55.5	46.3			14.4	12.3
	8	16.34	2.32	367.6	342.4	315.2	267.2	206.1	154.9	118.4	92.7	74.4	60.9	50.7			14.1	12.1
76	5	11.15	2.52	250.9	235.9	220.7	194.6	157.2	121.2	93.7	73.8	59.4	48.7	40.6	34.4		15.2	13.1
	6	13.19	2.48	296.9	278.7	260.2	228.2	183.0	140.5	108.3	85.3	68.6	56.2	46.9	39.7		14.8	12.7
	7	15.17	2.45	341.4	320.1	298.1	259.9	207.0	158.2	121.8	95.8	77.0	63.1	52.6	44.5		14.5	12.3
	8	17.09	2.42	384.5	360.0	334.5	290.0	229.3	174.5	134.1	105.3	84.6	69.4	57.8	48.9		14.2	12.2
83	5	12.25	2.76	275.7	261.4	247.8	225.8	191.9	153.4	120.7	95.9	77.6	63.8	53.3	45.2	38.8	15.5	13.2
	6	14.51	2.73	326.6	309.4	292.8	265.8	224.6	178.6	140.2	111.3	89.9	73.9	61.8	52.4	44.9	14.9	12.9
	7	16.71	2.70	376.0	355.9	336.3	304.2	255.4	202.1	158.2	125.4	101.3	83.3	69.6	58.9	50.5	14.7	12.5
	8	18.85	2.67	424.1	400.9	378.3	340.9	284.4	224.0	174.9	138.5	111.8	91.8	76.7	65.0	55.7	14.4	12.3

续表

外径 d (mm)	壁厚 t (mm)	截面面积 A (cm²)	回转半径 i (cm)	抗拉力设计值 N (kN)	标准尺寸轴心受压稳定时的承载力设计值 Nc (kN) 当计算长度 lo (m) =												尺寸偏差引起 Nc 变化范围 (%)	
					1.0	1.5	2.0	2.5	3.0	3.5	4.0	4.5	5.0	5.5	6.0	6.5	增强	减弱
89	5	13.19	2.98	296.9	283.2	270.6	251.2	220.9	182.6	146.4	117.5	95.5	78.8	66.0	56.0	48.1	15.7	13.4
	6	15.65	2.94	352.0	335.5	320.2	296.5	259.5	213.4	170.6	136.7	111.0	91.6	76.7	65.0	55.8	15.1	13.0
	7	18.03	2.91	405.7	386.4	368.3	340.2	296.3	242.4	193.2	154.6	125.4	103.4	86.5	73.4	63.0	14.8	12.7
	8	20.36	2.88	458.0	435.8	415.0	382.3	331.3	269.7	214.3	171.2	138.8	114.4	95.7	81.2	69.7	14.5	12.4
95	5	14.14	3.19	318.1	304.9	293.0	275.6	248.8	212.3	174.1	141.4	115.6	95.8	80.1	68.4	58.8	15.8	13.5
	6	16.78	3.15	377.5	361.5	347.2	326.0	293.2	249.0	203.4	164.9	134.7	111.5	93.6	79.5	68.4	15.3	13.2
	7	19.35	3.12	435.4	416.8	399.9	374.8	335.9	283.9	231.1	186.9	152.6	126.2	105.9	90.0	77.3	14.9	12.8
	8	21.87	3.09	492.0	470.6	451.1	422.0	376.7	316.6	257.1	207.6	169.3	140.0	117.4	99.7	85.6	14.7	12.5
	9	24.32	3.06	547.1	522.9	500.8	467.6	415.8	348.0	281.4	226.8	184.8	152.7	128.0	108.7	93.4	14.4	12.3
	10	26.70	3.03	600.8	573.8	549.1	511.6	453.1	377.5	304.2	244.8	199.3	164.6	137.9	117.1	100.6	14.2	12.2
	12	31.29	2.97	704.0	671.4	641.2	594.8	522.4	431.1	345.4	277.0	225.1	185.8	155.6	132.0	113.4	13.8	11.9
102	5	15.24	3.43	342.8	330.2	318.9	303.3	279.9	246.7	208.0	171.7	141.8	118.1	99.4	84.7	72.9	16.0	13.6
	6	18.10	3.40	407.2	391.9	378.3	359.3	330.8	290.4	243.9	200.9	165.6	137.8	116.0	98.8	85.0	15.5	13.3
	7	20.89	3.37	470.1	452.2	436.2	413.8	380.0	332.2	277.9	228.4	188.1	156.4	131.6	112.0	96.4	15.1	13.0
	8	23.62	3.34	531.6	511.0	492.7	466.7	427.4	372.1	310.2	254.3	209.2	173.8	146.2	124.4	107.0	14.8	12.7
	9	26.30	3.30	591.6	568.4	547.7	518.1	473.1	410.2	340.7	278.8	229.0	190.1	159.8	136.0	117.0	14.6	12.4
	10	28.90	3.27	650.3	624.4	601.2	567.9	517.1	446.5	369.5	301.7	247.5	205.4	172.6	146.8	126.3	14.4	12.3
	12	33.93	3.21	763.4	732.1	704.0	663.0	600.0	513.6	422.2	343.4	281.1	232.9	195.6	166.3	143.0	14.0	12.0

续表

外径 d (mm)	壁厚 t (mm)	截面面积 A (cm²)	回转半径 i (cm)	抗拉力设计值 N (kN)	标准尺寸轴心受压稳定时的承载力设计值 Nc (kN)　当计算长度 l_0 (m) =												尺寸偏差引起 Nc 变化范围 (%)	
					1.0	1.5	2.0	2.5	3.0	3.5	4.0	4.5	5.0	5.5	6.0	6.5	增强	减弱
108	5	16.18	3.65	364.0	351.8	341.0	326.5	305.5	275.4	237.7	199.5	166.3	139.2	117.7	100.5	86.6	16.1	13.6
	6	19.23	3.61	432.6	417.8	404.8	387.3	361.7	324.4	279.4	233.9	194.7	162.9	137.5	117.4	101.2	15.7	13.4
	7	22.21	3.58	499.8	482.4	467.2	446.5	416.2	372.6	319.3	266.6	221.5	185.1	156.3	133.3	114.9	15.3	13.1
	8	25.13	3.55	565.5	545.6	528.1	504.2	469.0	418.5	357.3	297.6	246.9	206.2	173.9	148.3	127.8	14.9	12.8
	9	27.99	3.51	629.8	607.4	587.5	560.3	520.1	462.6	393.5	326.9	270.8	226.0	190.5	162.5	139.9	14.7	12.5
	10	30.79	3.48	692.7	667.7	645.5	615.0	569.6	504.8	427.9	354.6	293.4	244.6	206.1	175.7	151.3	14.5	12.3
	12	36.19	3.42	814.3	784.0	757.2	719.7	663.6	583.6	491.4	405.4	334.5	278.5	234.5	199.7	172.0	14.1	12.1
114	5	17.12	3.86	385.2	373.4	362.9	349.4	330.3	303.0	267.4	228.5	192.5	162.3	137.7	117.9	101.8	16.2	13.7
	6	20.36	3.82	458.0	443.8	431.2	414.7	391.5	358.3	315.1	268.5	225.8	190.1	161.2	137.9	119.1	15.8	13.5
	7	23.53	3.79	529.4	512.7	497.9	478.6	451.2	411.8	360.9	306.6	257.5	216.6	183.5	156.9	135.5	15.4	13.2
	8	26.64	3.76	599.4	580.2	563.3	541.0	509.2	463.5	404.8	343.0	287.5	241.6	204.6	174.9	150.9	15.0	12.9
	9	29.69	3.73	668.0	646.3	627.1	601.8	565.5	513.4	446.9	377.7	316.0	265.3	224.5	191.8	165.5	14.8	12.7
	10	32.67	3.69	735.1	710.9	689.6	661.2	620.3	561.5	487.2	410.6	343.0	287.6	243.3	207.8	179.3	14.6	12.4
	12	38.45	3.63	865.2	835.9	810.1	775.4	724.9	652.4	562.2	471.4	392.6	328.6	277.6	237.0	204.3	14.2	12.2

续表

外径 d (mm)	壁厚 t (mm)	截面面积 A (cm²)	回转半径 i (cm)	抗拉力设计值 N (kN)	标准尺寸轴心受压稳定时的承载力设计值 N_c (kN) 当计算长度 l_0 (m) =												尺寸偏差引起 N_c 变化范围 (%)	
					1.0	1.5	2.0	2.5	3.0	3.5	4.0	4.5	5.0	5.5	6.0	6.5	增强	减弱
121	5	18.22	4.11	410.0	398.6	388.5	375.7	358.4	334.1	301.4	263.0	225.0	191.3	163.2	140.2	121.4	16.4	13.8
	6	21.68	4.07	487.7	474.0	461.8	446.4	425.4	395.8	356.0	309.8	264.4	224.6	191.5	164.4	142.3	16.0	13.5
	7	25.07	4.04	564.1	547.9	533.7	515.6	490.8	455.7	408.8	354.8	302.2	256.3	218.3	187.4	162.1	15.6	13.3
	8	28.40	4.01	639.0	620.5	604.1	583.3	554.6	514.0	459.7	397.8	338.2	286.5	243.9	209.2	180.9	15.2	13.1
	9	31.67	3.97	712.5	691.6	673.1	649.5	616.9	570.5	508.8	439.0	372.5	315.2	268.1	229.8	198.7	14.9	12.8
	10	34.87	3.94	784.6	761.3	740.7	714.2	677.5	625.2	556.6	478.4	405.1	342.5	291.1	249.4	215.6	14.7	12.6
	12	41.09	3.88	924.6	896.4	871.5	839.2	794.1	729.6	644.9	552.0	465.7	392.8	333.4	285.4	246.6	14.4	12.3

附表7—1—3

外径 d (mm)	壁厚 t (mm)	截面面积 A (cm²)	回转半径 i (cm)	抗拉力设计值 N (kN)	标准尺寸轴心受压稳定时的承载力设计值 Nc (kN) 当计算长度 l_o (m) =												尺寸偏差引起 Nc 变化范围 (%)	
					1.0	2.0	3.0	4.0	5.0	6.0	7.0	8.0	9.0	10.0	11.0	12.0	增强	减弱
127	6	22.81	4.28	513.2	499.9	473.3	426.8	345.6	256.2	189.2	143.4	111.9	89.6	73.2			16.1	13.6
	7	26.39	4.25	593.8	578.1	547.0	492.1	396.4	292.8	215.9	163.6	127.6	102.1	83.5			15.7	13.4
	8	29.91	4.22	672.9	655.0	619.2	555.7	445.4	327.8	241.4	182.8	142.5	114.0	93.2			15.4	13.2
	9	33.36	4.18	750.7	730.4	689.9	617.6	492.5	361.2	265.6	201.0	156.7	125.3	102.4			15.0	12.9
	10	36.76	4.15	827.0	804.4	759.2	677.9	537.7	393.1	288.6	218.3	170.1	136.0	111.2			14.8	12.7
	12	43.35	4.09	975.5	948.1	893.4	793.3	622.7	452.2	331.2	250.2	194.5	155.8	127.3			14.5	12.3
	14	49.70	4.03	1118	1086	1022	902.0	700.6	505.6	369.4	278.8	217.0	173.4	141.7			14.1	12.1
	16	55.79	3.97	1255	1218	1144	1004	771.6	553.6	403.5	304.2	236.7	189.1				13.8	11.9
133	6	23.94	4.50	538.6	525.7	499.9	456.9	381.0	289.3	215.9	164.4	128.6	103.1	84.3	70.2		16.2	13.7
	7	27.71	4.46	623.5	608.3	578.1	527.4	437.8	331.2	246.7	187.7	146.8	117.6	96.2	80.1		15.9	13.5
	8	31.42	4.43	706.9	689.5	654.8	596.2	492.8	371.3	276.1	210.0	164.1	131.5	107.5	89.5		15.5	13.3
	9	35.06	4.40	788.9	769.2	730.1	663.4	545.8	409.8	304.2	231.2	180.6	144.7	118.3			15.1	13.0
	10	38.64	4.36	869.4	847.5	803.9	728.9	597.0	446.6	331.0	251.4	196.3	157.2	128.6			14.8	12.8
	12	45.62	4.30	1026	999.9	947.0	855.0	693.8	515.3	380.8	288.8	225.4	180.4	147.5			14.5	12.4
	14	52.34	4.24	1178	1147	1084	974.6	783.4	577.9	425.8	322.6	251.6	201.3	164.6			14.2	12.2
	16	58.81	4.18	1323	1287	1216	1088	865.9	634.6	466.4	352.9	275.1	220.0	179.8			13.9	12.0

续表

外径 d (mm)	壁厚 t (mm)	截面面积 A (cm²)	回转半径 i (cm)	抗拉设计值 N (kN)	标准尺寸轴心受压稳定时的承载力设计值 N_c (kN) 当计算长度 l_0 (m) =												尺寸偏差引起 N_c 变化范围 (%)	
					1.0	2.0	3.0	4.0	5.0	6.0	7.0	8.0	9.0	10.0	11.0	12.0	增强	减弱
140	6	25.26	4.74	568.3	555.9	530.9	491.2	421.6	329.5	249.3	191.0	149.9	120.3	98.5	82.1		16.3	13.8
	7	29.25	4.71	658.1	643.5	614.3	567.5	485.3	377.8	285.2	218.4	171.3	137.5	112.6	93.8		16.0	13.6
	8	33.18	4.68	746.4	729.7	696.2	642.2	547.2	424.3	319.7	244.6	191.7	153.8	126.0	105.0		15.6	13.3
	9	37.04	4.64	833.4	814.5	776.6	715.3	607.2	469.0	352.8	269.6	211.3	169.5	138.8	115.6		15.3	13.1
	10	40.84	4.61	918.9	897.8	855.6	786.7	665.3	512.0	384.4	293.5	229.9	184.4	151.1	125.8		15.0	12.9
	12	48.25	4.55	1086	1060	1009	924.9	776.1	592.8	443.4	338.1	264.6	212.2	173.6	144.6		14.6	12.5
	14	55.42	4.48	1247	1217	1157	1057	879.6	666.6	497.3	378.6	296.1	237.3	194.1	161.7		14.3	12.3
	16	62.33	4.42	1402	1368	1299	1182	975.9	734.7	546.1	415.2	324.5	259.9	212.6	177.0		14.0	12.1
146	6	26.39	4.95	593.8	581.7	557.3	519.9	455.4	364.8	279.7	215.6	169.7	136.4	111.9	93.3	79.0	16.4	13.8
	7	30.57	4.92	687.8	673.7	645.1	601.1	525.0	418.9	320.4	246.8	194.1	156.0	127.9	106.7	90.3	16.1	13.6
	8	34.68	4.89	780.4	764.2	731.4	680.7	592.7	471.1	359.6	276.7	217.5	174.8	143.3	119.5	101.1	15.8	13.4
	9	38.74	4.85	871.6	853.3	816.3	758.7	658.5	521.4	397.2	305.3	239.9	192.7	158.0	131.7	111.4	15.4	13.2
	10	42.73	4.82	961.3	940.9	899.7	835.2	722.6	570.0	433.3	332.7	261.3	209.9	172.0	143.4	121.3	15.1	13.0
	12	50.52	4.76	1137	1112	1062	983.3	845.2	661.7	501.0	384.1	301.4	242.0	198.2	165.2		14.7	12.6
	14	58.06	4.69	1308	1277	1219	1125	960.6	746.5	563.1	430.9	337.9	271.1	222.1	185.0		14.4	12.3
	16	65.35	4.63	1470	1437	1370	1261	1069	824.5	619.7	473.5	371.0	297.6	243.7	203.0		14.1	12.1

续表

外径 d (mm)	壁厚 t (mm)	截面面积 A (cm²)	回转半径 i (cm)	抗拉力设计值 N (kN)	标准尺寸轴心受压稳定时的承载力设计值 Nc (kN) 当计算长度 l_0 (m) =												尺寸偏差引起 Nc变化范围 (%)	
					1.0	2.0	3.0	4.0	5.0	6.0	7.0	8.0	9.0	10.0	11.0	12.0	增强	减弱
152	6	27.52	5.17	619.2	607.7	583.6	548.2	488.4	400.5	311.6	241.8	190.9	153.8	126.3	105.4	89.2	16.5	87.7
	7	31.89	5.13	717.5	704.0	675.8	634.2	563.6	460.4	357.4	277.1	218.6	176.1	144.5	120.6	102.1	16.2	87.3
	8	36.19	5.10	814.3	798.6	766.5	718.6	637.0	518.5	401.5	310.9	245.2	197.4	162.0	135.2	114.5	15.9	13.5
	9	40.43	5.07	909.7	892.0	855.8	801.4	708.6	574.7	444.0	343.5	270.7	217.9	178.8	149.2	126.3	15.5	13.3
	10	44.61	5.03	1004	984.0	943.6	882.7	778.4	629.0	484.8	374.7	295.2	237.5	194.9	162.6	137.6	15.2	13.1
	12	52.78	4.97	1188	1164	1115	1041	912.7	732.1	561.8	433.3	341.0	274.3	224.9	187.6	158.8	14.8	12.7
	14	60.70	4.90	1366	1138	1280	1192	1040	828.1	632.8	487.1	383.0	307.9	252.4	210.5	178.1	14.5	12.4
	16	68.36	4.84	1538	1506	1440	1338	1160	917.0	698.0	536.3	421.3	338.5	277.4	231.3	195.7	14.2	12.2

附表7—1—4

外径 d (mm)	壁厚 t (mm)	截面面积 A (cm²)	回转半径 i (cm)	抗拉力设计值 N (kN)	标准尺寸轴心受压稳定时的承载力设计值 Nc (kN) 当计算长度 l_o (m) =												尺寸偏差引起 Nc 变化范围 (%)	
					2.0	3.0	4.0	5.0	6.0	7.0	8.0	9.0	10.0	11.0	12.0	13.0	增强	减弱
159	6	28.84	5.41	648.9	614.2	580.8	525.8	442.1	350.4	274.4	217.	175.	144.	120.	102.	87.7	16.6	13.9
	7	33.43	5.38	752.1	711.5	672.2	607.4	509.0	402.4	314.8	249.4	201.4	165.5	138.3	117.	100.5	16.3	13.7
	8	37.95	5.35	853.9	807.4	762.1	687.2	574.0	452.6	353.6	280.1	226.0	185.7	155.1	131.4	112.7	16.0	13.5
	9	42.41	5.31	954.3	901.8	850.5	765.3	637.1	501.1	391.	309.5	249.7	205.2	171.3	145.1	124.4	15.7	13.4
	10	46.81	5.28	1053	994.7	937.4	841.7	698.4	547.9	427.	337.8	272.4	223.8	186.9	158.3	135.7	15.4	13.2
	12	55.42	5.21	1247	1176	1107	989.2	815.2	636.5	494.9	391.0	315.3	258.8	216.1	183.0	156.9	14.8	12.8
	14	63.77	5.15	1435	1352	1270	1130	924.7	718.6	557.5	440.0	354.5	291.0	242.8	205.6		14.6	12.4
	16	71.88	5.09	1617	1522	1426	1263	1027	794.6	615.1	485.0	390.5	320.4	267.4	226.3		14.3	12.2
	18	79.73	5.03	1794	1686	1577	1390	1122	864.5	667.9	526.2	423.4	347.3	289.7	245.2		14.0	12.1
	20	87.34	4.97	1965	1845	1722	1510	1211	928.8	716.3	563.7	453.4	371.8	310.1	262.4		13.8	11.9
168	6	30.54	5.73	687.1	653.5	622.0	572.3	495.1	402.2	319.3	254.9	206.6	170.2	142.4	120.8	103.7	16.7	14.0
	7	35.41	5.70	796.6	757.3	720.4	661.9	570.9	462.6	366.6	292.5	237.0	195.2	163.3	138.5	118.8	16.4	13.8
	8	40.21	5.66	904.8	859.7	817.3	749.7	644.9	521.1	412.4	328.7	266.2	219.3	183.4	155.5	133.4	16.1	13.6
	9	44.96	5.63	1012	960.7	912.6	835.9	716.9	577.9	456.6	363.7	294.4	242.4	202.7	171.9	147.5	15.8	13.4
	10	49.64	5.60	1117	1060	1007	920.3	787.1	632.8	499.3	397.4	321.6	264.7	221.4	187.6	161.0	15.5	13.3
	12	58.81	5.53	1323	1255	1190	1084	921.8	737.3	580.2	461.2	372.9	306.8	256.5	217.4	186.5	15.0	12.9
	14	67.73	5.47	1524	1444	1367	1241	1049	834.9	655.5	520.2	420.4	345.7	288.9	244.8	210.0	14.7	12.5
	16	76.40	5.40	1719	1627	1538	1392	1169	925.8	724.8	574.7	464.1	381.5	318.7	270.1	231.6	14.4	12.3
	18	84.82	5.34	1909	1804	1703	1535	1282	1010	789.1	624.9	504.3	414.5	346.2	293.2	251.5	14.2	12.2
	20	92.99	5.28	2092	1976	1862	1672	1388	1089	848.3	671.1	541.2	444.6	371.3	314.5	269.6	13.9	12.0

续表

外径 d (mm)	壁厚 t (mm)	截面面积 A (cm²)	回转半径 i (cm)	抗拉力设计值 N (kN)	标准尺寸轴心受压稳定时的承载力设计值 Nc (kN) 当计算长度 l₀ (m) =												尺寸偏差引起 Nc 变化范围 (%)	
					2.0	3.0	4.0	5.0	6.0	7.0	8.0	9.0	10.0	11.0	12.0	13.0	增强	减弱
180	6	32.80	6.16	738.0	705.7	676.2	632.1	563.6	473.3	383.5	309.4	252.3	208.5	174.8	148.5	127.6	16.8	14.0
	7	38.04	6.12	856.0	818.2	783.7	731.8	651.1	545.3	441.1	355.6	289.7	239.5	200.7	170.5	146.4	16.5	13.9
	8	43.23	6.09	972.6	929.3	889.7	829.9	736.7	615.5	497.0	400.3	326.0	269.3	225.7	191.7	164.7	16.2	13.7
	9	48.35	6.05	1088	1039	994.3	926.4	820.5	683.7	551.2	443.5	361.0	298.2	249.9	212.2	182.2	16.0	13.6
	10	53.41	6.02	1202	1147	1097	1021	902.5	750.1	603.7	485.3	394.3	326.1	273.2	231.9	199.2	15.7	13.4
	12	63.33	5.95	1425	1359	1299	1206	1061	877.3	703.7	564.8	459.1	378.9	317.3	269.3	231.3	15.2	13.1
	14	73.01	5.89	1643	1565	1495	1384	1212	997.2	797.3	638.9	518.9	428.0	358.4	304.1	261.1	14.8	12.7
	16	82.44	5.83	1855	1766	1684	1556	1356	1110.	884.8	707.9	574.4	473.6	396.4	336.3	288.7	14.6	12.4
	18	91.61	5.76	2061	1961	1868	1721	1493	1216	966.3	771.9	625.9	515.8	431.6	366.1	314.2	14.3	12.2
	20	100.5	5.70	2262	2151	2046	1880	1622	1315	1042	831.3	673.5	554.8	464.1	393.6	337.8	14.1	12.1
194	6	35.44	6.65	797.3	766.4	738.8	699.5	640.0	556.5	463.3	379.6	312.1	259.2	218.0	185.5	159.6	16.9	14.1
	7	41.12	6.62	925.3	889.0	856.7	810.6	740.5	642.4	533.9	436.9	358.9	298.1	250.6	213.2	183.4	16.6	14.0
	8	46.75	6.58	1052	1010	973.2	920.1	839.3	726.5	602.6	492.6	404.4	335.7	282.2	240.1	206.5	16.4	13.8
	9	52.31	6.55	1177	1130	1088	1028	936.2	808.6	669.4	546.7	448.5	372.2	312.8	266.1	228.8	16.1	13.7
	10	57.81	6.51	1301	1249	1202	1134	1032	888.9	734.5	599.1	491.3	407.5	342.4	291.2	250.5	15.9	13.5
	12	68.61	6.45	1544	1481	1424	1343	1217	1044	859.2	699.4	572.8	474.8	398.8	339.1	291.6	15.4	13.2
	14	79.17	6.38	1781	1708	1641	1544	1395	1191	976.9	793.6	649.2	537.8	451.5	383.8	330.0	14.9	12.9
	16	89.47	6.32	2013	1929	1852	1740	1566	1331	1088	881.9	720.7	596.7	500.8	425.6	365.8	14.7	12.6
	18	99.53	6.25	2239	2144	2057	1929	1730	1463	1192	964.6	787.5	651.6	546.7	464.5	399.2	14.5	12.3
	20	109.3	6.19	2460	2353	2256	2112	1887	1589	1290	1042	849.8	702.8	589.3	500.6	430.2	14.3	12.2

续表

外径 d (mm)	壁厚 t (mm)	截面面积 A (cm²)	回转半径 i (cm)	抗拉力设计值 N (kN)	标准尺寸轴心受压稳定时的承载力设计值 Nc (kN) 当计算长度 l₀ (m) =												尺寸偏差引起 Nc 变化范围 (%)	
					2.0	3.0	4.0	5.0	6.0	7.0	8.0	9.0	10.0	11.0	12.0	13.0	增强	减弱
203	6	37.13	6.97	835.5	805.3	778.6	741.8	687.2	609.0	516.3	428.0	354.0	295.2	248.8	212.1	182.6	16.9	14.1
	7	43.10	6.93	969.8	934.5	903.3	860.0	795.7	703.9	595.6	493.0	407.6	339.7	286.2	243.9	210.1	16.7	14.0
	8	49.01	6.90	1103	1062	1026	976.7	902.6	796.9	673.0	556.4	459.6	382.9	322.6	274.8	236.6	16.5	13.9
	9	54.85	6.87	1234	1189	1148	1092	1008	887.9	748.4	618.0	510.1	424.8	357.8	304.8	262.4	16.2	13.7
	10	60.63	6.83	1364	1313	1268	1205	1111	977.1	822.0	677.9	559.2	465.5	392.0	333.9	287.4	16.0	13.6
	12	72.01	6.77	1620	1559	1504	1428	1313	1150	963.7	792.8	653.3	543.3	457.2	389.3	335.1	15.5	13.3
	14	83.13	6.70	1870	1799	1735	1644	1508	1315	1098	901.3	741.6	616.3	518.5	441.4	379.8	15.1	13.0
	16	94.00	6.64	2115	2033	1959	1854	1695	1473	1225	1003	824.9	684.9	575.9	490.1	421.6	14.8	12.7
	18	104.6	6.57	2354	2261	2178	2058	1876	1623	1346	1100	902.5	749.1	629.6	535.7	460.8	14.6	12.4
	20	115.0	6.51	2587	2483	2390	2256	2051	1766	1459	1190	975.5	809.2	679.8	578.2	497.3	14.4	12.3

附表7—1—5

外径 d (mm)	壁厚 t (mm)	截面面积 A (cm²)	回转半径 i (cm)	抗拉力设计值 N (kN)	标准尺寸轴心受压稳定时的承载力设计值 Nc (kN)　当计算长度 l₀ (m) =												尺寸偏差引起 Nc 变化范围 (%)	
					2.5	3.5	4.5	5.5	6.5	7.5	8.5	9.5	10.5	11.5	12.5	13.5	增强	减弱
219	8	53.03	7.47	1193	1138	1100	1046	968.4	861.2	737.3	618.9	518.3	436.8	371.4	319.0	276.5	16.6	13.9
	9	59.38	7.43	1336	1274	1231	1170	1082	960.3	820.8	688.2	576.0	485.1	412.5	354.2	307.0	16.4	13.8
	10	65.66	7.40	1477	1409	1360	1292	1193	1058	902.3	755.8	632.1	532.2	452.4	388.4	336.6	16.2	13.7
	12	78.04	7.33	1756	1673	1614	1532	1411	1246	1060	885.8	739.9	622.5	528.9	453.9	393.3	15.7	13.4
	14	90.16	7.26	2029	1932	1862	1765	1622	1428	1210	1009	841.9	707.8	601.1	515.7	446.8	15.3	13.1
	16	102.0	7.20	2296	2185	2105	1992	1826	1601	1353	1126	938.3	788.3	669.1	573.9	497.1	14.9	12.9
	18	113.7	7.13	2557	2432	2341	2213	2023	1768	1489	1237	1029	864.1	733.2	628.7	544.4	14.7	12.6
	20	125.0	7.07	2813	2673	2572	2427	2213	1926	1618	1341	1115	935.5	793.4	680.2	588.9	14.5	12.4
	22	136.2	7.01	3064	2909	2796	2635	2396	2078	1740	1440	1196	1003	850.0	728.5	630.6	12.2	12.2
	24	147.0	6.95	3161	3004	2891	2730	2491	2171	1825	1514	1259	1057	896.5	768.6	665.5	12.0	12.1
245	8	59.56	8.38	1340	1289	1253	1208	1144	1056	943.2	818.6	700.3	597.8	512.5	442.4	384.9	16.8	14.0
	9	66.73	8.35	1501	1444	1404	1352.	1280	1180	1052	912.2	779.7	665.2	570.1	492.0	428.0	16.6	13.9
	10	73.83	8.32	1661	1597	1552	1494	1414	1303	1160	1004	857.3	731.0	626.3	540.4	470.1	16.4	13.8
	12	87.84	8.25	1976	1899	1845	1775	1677	1542	1369	1182	1007	858.1	734.7	633.7	551.0	16.0	13.6
	14	101.8	8.18	2286	2195	2132	2049	1934	1773	1570	1352	1151	979.2	837.8	722.3	627.9	15.6	13.3
	16	115.1	8.12	2590	2486	2413	2318	2184	1998	1764	1515	1288	1094	935.8	806.5	700.9	15.2	13.1
	18	128.4	8.05	2888	2770	2689	2580	2428	2215.	1950	1671	1418	1204	1029	886.4	770.0	14.9	12.8
	20	141.4	7.99	3181	3049	2958	2836	2665	2426	2129	1820	1542	1308	1117	962.0	835.6	14.7	12.6
	22	154.1	7.92	3468	3323	3222	3087	2895	2629	2300	1962	1660	1407	1201	1034	897.6	12.3	12.4
	24	166.6	7.86	3583	3436	3334	3198	3008	2742	2410	2064	1750	1485	1269	1093	949.5	12.2	12.3

续表

外径 d (mm)	壁厚 t (mm)	截面面积 A (cm²)	回转半径 i (cm)	抗拉力设计值 N (kN)	标准尺寸轴心受压稳定时的承载力设计值 Nc (kN) 当计算长度 l₀ (m) =													尺寸偏差引起 Nc 变化范围 (%)	
					2.5	3.5	4.5	5.5	6.5	7.5	8.5	9.5	10.5	11.5	12.5	13.5		增强	减弱
273	8	66.60	9.37	1499	1450	1417	1376	1323	1252	1157	1041	915.7	796.6	691.3	601.5	526.1		16.9	14.1
	9	74.64	9.34	1680	1625	1588	1542	1482	1401	1293	1162	1021	887.9	770.1	669.9	585.8		16.7	14.0
	10	82.62	9.31	1859	1799	1757	1706	1639	1548	1428	1281	1125	977.5	847.4	736.9	644.3		16.5	13.9
	12	98.39	9.24	2214	2141	2091	2029	1948	1838	1691	1514	1327	1151	997.2	866.6	757.4		16.2	13.7
	14	113.9	9.17	2564	2478	2419	2346	2250	2120	1948	1740	1522	1318	1141	990.8	865.5		15.9	13.5
	16	129.2	9.10	2907	2809	2741	2658	2547	2396	2197	1958	1709	1478	1278	1110	968.9		15.5	13.3
	18	144.2	9.04	3245	3134	3058	2963	2837	2666	2438	2168	1889	1632	1410	1223	1068		15.2	13.0
	20	159.0	8.97	3577	3453	3369	3263	3121	2928	2673	2371	2062	1779	1535	1331	1162		14.9	12.8
	22	173.5	8.91	3903	3767	3674	3556	3399	3184	2900	2566	2228	1919	1655.	1435	1251		12.7	12.6
	24	187.7	8.84	4037	3899	3804	3686	3529	3315	3031	2695	2347	2028	1751	1519	1326		12.4	12.4
299	8	73.14	10.3	1646	1600	1568	1531	1484	1423	1343	1241	1122	997.0	878.0	771.6	679.4		16.9	14.1
	9	82.00	10.3	1845	1794	1758	1715	1663	1594	1503	1388	1253	1113	979.5	860.4	757.4		16.8	14.0
	10	90.79	10.2	2043	1986	1946	1899	1840	1763	1662	1533	1384	1227	1079	947.6	833.9		16.6	13.9
	12	108.2	10.2	2434	2366	2318	2261	2189	2096	1973	1817	1636	1449	1273	1117	982.5		16.3	13.8
	14	125.3	10.1	2820	2740	2684	2617	2533	2423	2278	2094	1882	1664	1460	1280	1125		16.1	13.6
	16	142.2	10.0	3201	3108	3044	2967	2871	2744	2576	2363	2120	1872	1641	1437	1263		15.8	13.4
	18	158.9	9.96	3575	3471	3399	3312	3202	3058	2866	2625	2350	2072	1814	1588	1394		15.5	13.2
	20	175.3	9.89	3944	3828	3747	3650	3527	3365	3150	2880	2573	2263	1981	1733	1521		15.2	13.0
	22	191.4	9.82	4308	4179	4090	3983	3847	3666	3427	3127	2789	2451	2141	1872	1642		12.9	12.8
	24	207.3	9.76	4458	4328	4238	4130	3993	3814	3576	3276	2934	2587	2265	1983	1742		12.7	12.6

续表

外径 d (mm)	壁厚 t (mm)	截面面积 A (cm²)	回转半径 i (cm)	抗拉力设计值 N (kN)	标准尺寸轴心受压稳定时的承载力设计值 Nc (kN) 当计算长度 l_0 (m) =												尺寸偏差引起 Nc 变化范围 (%)	
					2.5	3.5	4.5	5.5	6.5	7.5	8.5	9.5	10.5	11.5	12.5	13.5	增强	减弱
325	8	79.67	11.2	1793	1750	1719	1684	1641	1588	1519	1432	1325	1203	1078	959.5	852.2	17.0	14.1
	9	89.35	11.2	2010	1962	1927	1887	1839	1779	1702	1603	1482	1345	1204	1071	951.0	16.8	14.0
	10	98.96	11.1	2227	2173	2134	2090	2036	1969	1883	1772	1640	1485	1329	1181	1048	16.7	14.0
	12	118.0	11.1	2655	2590	2544	2490	2426	2344	2240	2105	1942	1758	1571	1395	1238	16.4	13.8
	14	136.8	11.0	3078	3001	2947	2885	2809	2713	2590	2432	2239	2024	1807	1603	1420	16.2	13.6
	16	155.3	10.9	3495	3407	3345	3274	3186	3076	2933	2751	2528	2282	2034	1803	1597	15.9	13.5
	18	173.6	10.9	3906	3807	3738	3657	2558	3433	3270	3062	2811	2533	2255	1997	1767	15.6	13.3
	20	191.6	10.8	4312	4202	4124	4034	3923	3783	3601	3367	3085	2776	2468	2133.	1931	15.4	13.1
	22	209.4	10.7	4712	4590	4505	4405	4283	4127	3924	3665	3352	3011	2674	2364	2089	13.1	13.0
	24	2270	10.7	4879	4756	4670	4569	4446	4291	4090	3832	3519	3173	2827	2504	2217	12.9	12.8

附表 7-1-6

外径 d (mm)	壁厚 t (mm)	截面面积 A (cm²)	回转半径 i (cm)	抗拉力设计值 N (kN)	标准尺寸轴心受压稳定时的承载力设计值 Nc (kN) 当计算长度 l₀ (m) =												尺寸偏差引起 Nc 变化范围 (%)	
					3.0	4.0	5.0	6.0	7.0	8.0	9.0	10.0	11.0	12.0	13.0	14.0	增强	减弱
351	10	107.1	12.1	2410	2341	2302	2256	2202	2134	2050	1943	1813	1664	1508	1355	1214	16.8	14.0
	12	127.8	12.0	2876	2792	2744	2690	2624	2543	2440	2310	2153	1974	1786	1604	1436	16.5	13.8
	14	148.2	12.0	3335	3237	3182	3117	3040	2945	2824	2671	2486	2275	2057	1845	1650	16.3	13.7
	16	168.4	11.9	3789	3677	3613	3539	3451	3341	3201	3025	2811	2570	2319	2079	1858	16.0	13.5
	18	188.3	11.8	4240	4110	4039	3956	3855	3730	3571	3371	3129	2856	2575	2305	2060	15.8	13.4
	20	208.0	11.7	4679	4538	4459	4366	4254	4115	3935	3711	3439	3135	2823	2525	2254	15.6	13.2
	22	227.4	11.7	5116	4961	4873	4770	4646	4516	4293	4043	3742	3406	3064	2738	2443	13.3	13.1
	24	246.6	11.6	5301	5144	5054	4951	4827	4672	4475	4227	3927	3588	3238	2901	2593	13.1	12.9
377	10	115.3	13.0	2594	2528	2490	2446	2396	2335	2260	2167	2053	1917	1766	1609	1457	16.7	14.0
	12	137.6	12.9	3096	3016	2970	2918	2857	2784	2693	2580	2442	2278	2096	1908	1726	16.5	13.8
	14	159.7	12.8	3592	3499	3445	3384	3313	3226	3120	2987	2824	2631	2418	2199	1987	16.3	13.7
	16	181.5	12.8	4083	3976	3914	3844	3762	3663	3540.	3387	3198	2976	2732	2482	2242	16.1	13.6
	18	203.0	12.7	4568	4447	4377	4298	4206	4093	3954	3780	3566	3314	3039	2758	2489	15.9	13.4
	20	224.3	12.6	5047	4912.	4835	4747	4644	4518	4362	4166	3926	3645	3338	3026	2729	15.7	13.3
	22	245.4	12.6	5521	5372	5287	5190	5075	4936	4763	4546	4280	3968	3629	3287	2962	13.4	13.2
	24	266.2	12.5	5722	5572	5486	5388	5273	5134	4961	4746	4482	4171	3828	3478	3141	13.2	13.0

续表

外径 d (mm)	壁厚 t (mm)	截面面积 A (cm²)	回转半径 i (cm)	抗拉力设计值 N (kN)	标准尺寸轴心受压稳定时的承载力设计值 Nc (kN) 当计算长度 l₀ (m) =												尺寸偏差引起 Nc 变化范围 (%)	
					3.0	4.0	5.0	6.0	7.0	8.0	9.0	10.0	11.0	12.0	13.0	14.0	增强	减弱
402	10	123.2	13.9	2771	2708	2670	2628	2581	2525	2457	2374	2273	2151	2011	1858	1701	16.7	13.9
	12	147.0	13.8	3308	3232	3187	3137	3079	3012	2930	2830	2707	2560	2390	2206	2018	16.5	13.8
	14	170.7	13.7	3840	3750	3698	3639	3572	3492	3397.	3279	3134	2961	2761	2546	2327	16.3	13.7
	16	194.0	13.7	4366	4263	4203	4136	4059	3967.	3857	3721	3555	3355	3125	2878	2629	16.2	13.6
	18	217.2	13.6	4886	4770	4702	4627	4539	4436	4311	4157	3968	3741	3482	3203	2923	16.0	13.5
	20	240.0	13.5	5400.	5272	5196	5112	5014	4899	4759	4586	4373	4120	3831	3521	3210	15.8	13.3
	22	262.62	13.5	5909	5767	5684	5591	5484	5356	5201	5009	4774	4492	4172	3830	3489	13.4	13.2
	24	85.0	13.4	6128	5984	5900	5806	5697	5570	5415	5225	4992	4712	4391	4045	3695	13.3	13.1
426	10	130.7	14.7	2941	2880	2843	2803	2757	2705	2642	2568	2477	2368	2239	2094	1939	16.6	13.9
	12	156.1	14.6	3512	3439	3394	3346	3291	3228	3153	3062	2952	2820	2664	2490	2304	16.5	13.8
	14	181.2	14.6	4077	3992	3940	3884	3819	3745	3657	3550	3421	3265	3083	2878	2660	16.3	13.7
	16	206.1	14.5	4637	4539	4480	4415	4341	4256	4155	4032	3883	3704	3493	3258	3009	16.2	13.6
	18	230.7	14.4	5191	5081	5014	4940	4857	4761	4646	4508	4339	4135	3897	3630	3350	16.0	13.5
	20	255.1	14.4	5740	5616	5542	5460	5368	5260	5132	4977	4788	4559	4293	3995	3684	15.8	13.4
	22	279.2	14.3	6283	6147	6065	5975	5873	5754	5612	5440	5230	4977	4681	4353	4010	13.5	13.3
	24	303.1	14.2	6517	6379	6296	6205	6102	5983	5841	5670	5462	5222	4918	4588	4239	13.3	13.1

续表

外径 d (mm)	壁厚 t (mm)	截面面积 A (cm²)	回转半径 i (cm)	抗拉力设计值 N (kN)	标准尺寸轴心受压稳定时的承载力设计值 Nc (kN) 当计算长度 l₀ (m) =												尺寸偏差引起 Nc 变化范围 (%)	
					3.0	4.0	5.0	6.0	7.0	8.0	9.0	10.0	11.0	12.0	13.0	14.0	增强	减弱
450	10	138.2	15.6	3110	3053	3012	2976	2933	2883	2825	2756	2674	2576	2459	2322	2177	16.6	42.7
	12	165.1	15.5	3715	3646	3602	3554	3502	3442	3372	3289	3190	3071	2930	2767	2589	16.4	38.5
	14	191.8	15.4	4315	4234	4182	4126	4065	3995	3913	3815	3700	3559	3393	3202	2993	16.3	38.7
	16	218.2	15.4	4908	4816	4756	4693	4622	4542	4447	4336	4201	4040	3849	3630	3389	16.1	38.9
	18	244.3	15.3	5497	5391	5325	5253	5174	5083	4976	4850	4697	4514	4298	4050	3778	16.0	13.4
	20	270.2	15.2	6079	5961	5888	5808	5720	5618	5499	5357	5187	4982	4739	4462	4160	15.9	13.4
	22	295.8	15.2	6656	6526	6445	6357	6259	6147	6016	5859	5670	5443	5174	4867	4533	13.5	13.3
	24	321.2	15.1	6906	6776	6693	6604	6505	6392	6261	6105	5917	5693	5426	5120	4784	13.3	39.8

附表7—1—7

外径 d (mm)	壁厚 t (mm)	截面面积 A (cm²)	回转半径 i (cm)	抗拉力设计值 N (kN)	标准尺寸轴心受压稳定时的承载力设计值 Nc (kN) 当计算长度 l_o (m) =													尺寸偏差引起 Nc 变化范围 (%)	
					4.0	5.5	7.0	8.5	10.0	11.5	13.0	14.5	16.0	17.5	19.0	20.5		增强	减弱
465	10	142.9	16.1	3216	3124	3064	2994	2907	2795	2650	2466	2247	2013	1785	1577	1394		17.1	14.2
	12	170.8	16.0	3843	3731	3659	3575	3470	3335	3160	2937	2673	2392	2120	1872	1654		17.0	14.1
	14	198.4	16.0	4463	4333	4249	4150	4027	3869	3662	3401	3092	2764	2447	2159	1907		16.8	14.0
	16	225.7	15.9	5078	4929	4833	4719	4578	4396	4158	3857	3502	3128	2766	2440	2155		16.6	13.9
	18	252.8	15.8	5687	5519	5411	5283	5123	4917	4647	4306	3905	3484	3079	2714	2396		16.4	13.8
	20	279.6	15.8	6291	6104	5983	5840	5662	5431	5129	4747	4301	3832	3384	2982	2631		16.2	13.7
	22	306.2	15.7	6889	6683	6550	6392	6194	5939	5605	5181	4688	4173	3683	3243	2861		13.9	13.5
	24	332.5	15.6	7149	6940	6806	6647	6449	6196	5865	5444	4949	4424	3916	3455	3052		13.7	13.4
480	10	147.7	16.6	3322	3232	3173	3104	3020	2914	2778	2604	2394	2162	1930	1714	1519		17.1	14.2
	12	176.4	16.6	3970	3861	3790	3707	3606	3478	3313	3103	2850	2571	2293	2035	1803		17.0	14.1
	14	205.0	16.5	4612	4484	4401	4305	4186	4036	3842	3595	3298	2972	2648	2348	2081		16.8	14.0
	16	233.2	16.4	5248	5102	5007	4896	4760	4586	4364	4079.	3738	3365	2996	2654	2351		16.6	13.9
	18	261.3	16.4	5878	5713	5607	5482	5328	5133	4879	4557	4171	3751	3337	2954	2616		16.4	13.8
	20	289.0	16.3	6503	6320	6201	6061	5890	5671	5388	5027	4596	4129	3670	3247	2874		16.3	13.7
	22	316.6	16.2	7122	6920	6789	6635	6446	6204	5890	5490	5013	4499	3996	3534	3127		13.9	13.6
	24	343.8	16.1	7392	7188	7055	6900	6710	6470	6159	5762	5286	4765	4245	3764	3335		13.7	13.5

续表

外径 d (mm)	壁厚 t (mm)	截面面积 A (cm²)	回转半径 i (cm)	抗拉力设计值 N (kN)	标准尺寸轴心受压稳定时的承载力设计值 Nc (kN) 当计算长度 l₀ (m) =													尺寸偏差引起 Nc 变化范围 (%)	
					4.0	5.5	7.0	8.5	10.0	11.5	13.0	14.5	16.0	17.5	19.0	20.5	增强	减弱
500	10	153.9	17.3	3464	3375	3317	3251	3171	3071	2945	2783	2586	2361	2126	1900	1693	17.1	14.2
	12	184.0	17.3	4139	4033	3964	3883	3787	3667	3532	3319	3080	2809	2528	2257	2011	17.0	14.1
	14	213.8	17.2	4810	4685	4604	4510	4397	4256	4076	3847	3567	3250	2922	2608	2322	16.8	14.0
	16	243.3	17.1	5474	5332	5239	5131	5001	4840	4633	4369	4047	3683	3308	2951	2626	16.6	13.9
	18	272.6	17.1	6133	5972	5867	5746	5600	5416	5182	4883	4519	4109	3687	3286	2923	16.5	13.8
	20	301.6	17.0	6786	6607	6490	6355	6192	5987	5725	5391	4983	4526	4058	3615	3214	16.3	13.7
	22	330.4	17.0	7433	7236	7108	6959	6778	6552	6261	5891	5440	4936	4422	3936	3498	13.9	13.6
	24	358.9	16.9	7716	7517	7387	7237	7056	6830	6542	6176	5728	5219	4693	4189	3730	13.8	13.5
530	10	163.4	18.4	3676	3591	3534	3470	3395	3303	3188	3044	2866	2655	2424	2190	1968	17.1	14.2
	12	195.3	18.3	4394	4292	4224	4146	4056	3945	3807	3633	3417	3163	2885	2605	2339	17.0	14.1
	14	227.0	18.3	5106	4987	4907	4817	4711	4581	4419	4214	3961	3663	3338	3012	2703	16.8	14.0
	16	258.4	18.2	5813	5677	5585	5482	5360	5211	5025	4789	4498	4155	3782	3411	3060	16.7	13.9
	18	289.5	18.1	6514	6360	6258	6141	6003	5835	5624	5357	5027	4640	4222	3803	3410	16.5	13.8
	20	320.4	18.1	7210	7038	6924	6794	6641	6453	6217	5918	5549	5118	4652	4188	3753	16.3	13.7
	22	351.1	18.0	7900	7711	7585	7442	7272	7065	6803	6473	6064	5587.	5074	4565	4088	14.0	13.6
	24	381.5	17.9	8203	8012	7884	7740	7569	7362	7103	6776	6371	5895	5375	4851	4356	13.8	13.5

续表

外径 d (mm)	壁厚 t (mm)	截面面积 A (cm²)	回转半径 i (cm)	抗拉力设计值 N (kN)	标准尺寸轴心受压稳定时的承载力设计值 N_c (kN) 当计算长度 l_0 (m) =												尺寸偏差引起 N_c 变化范围 (%)	
					4.0	5.5	7.0	8.5	10.0	11.5	13.0	14.5	16.0	17.5	19.0	20.5	增强	减弱
550	10	169.7	19.1	3817	3735	3678	3616	3543	3455	3348	3213	3046	2847	2622	2387	2158	17.1	14.2
	12	202.8	19.0	4564	4464	4397	4321	4234	4128	3998	3836	3634	3393	3123	2841	2567	16.9	14.1
	14	235.8	19.0	5304	5188	5109	5021	4919	4795	4643	4452	4215	3933	3616	3287	2968	16.8	14.0
	16	268.4	18.9	6039	5906	5816	5715	5598	5456	5281	5061	4789	4464	4101	3726	3362	16.6	13.9
	18	300.8	18.8	6769	6619	6517	6404	6271	6111	5912	5664	5355	4988	4579	4157	3749	16.5	13.8
	20	333.0	18.8	7493	7326	7213	7086	6938	6759	6538	6260	5915	5505	5049	4580	4128	16.4	13.7
	22	364.9	18.7	8211	8027	7902	7763	7599	7402	7157	6849	6467	6014	5511	4995	4500	14.0	13.6
	24	396.6	18.6	8527	8341	8215	8074	7909	7712	7469	7164	6787	6336	5829	5303	4790	13.8	13.5

附表 7—1—8

外径 d (mm)	壁厚 t (mm)	截面面积 A (cm²)	回转半径 i (cm)	抗拉力设计值 N (kN)	标准尺寸轴心受压稳定时的承载力设计值 Nc (kN) 当计算长度 l_0 (m) =												尺寸偏差引起 Nc 变化范围 (%)	
					5.0	7.0	9.0	11.0	13.0	15.0	17.0	19.0	21.0	23.0	25.0	27.0	增强	减弱
560	10	172.8	19.5	3888	3770	3688	3570	3464	3296	3074	2796	2487	2180	1902	1661	1456	17.4	14.4
	12	206.6	19.4	4648	4506	4409	4290	4138	3936	3667	3332.	2960	2593	2261	1974	1730	17.2	14.3
	14	240.1	19.3	5403	5237	5123	4984	4806	4569	4253	3861	3426	2999	2614	2281	1998	17.1	14.2
	16	273.4	19.2	6153	5963	5832	5673	5468	5195	4832	4382	3884	3398	2959	2581	2261	16.9	14.1
	18	306.5	19.2	6869	6682	6535	6355	6124	5815	5404	4895	4335	3789	3298	2876	2519	16.7	14.0
	20	3393	19.1	7634	7396	7232	7031	6773	6428	5968	5400	4778	4173	3631	3165	2771	16.6	13.9
	22	371.8	19.0	8366	81034	7923	7702	7416	7034	6526	5898	5213	4549	3956	3447	3018	14.2	13.8
	24	404.1	19.0	8689	8423	8240	8019	7734	7355	6853	6226	5530	4844	4223	3686	3231	14.1	13.7
600	10	185.4	20.9	4171	4057	3979	3886	3770	3622	3427	3178	2883	2571	2270	1998	1761	17.4	14.4
	12	221.7	20.8	4988	4852	4757	4645	4506	4327	4091	3791	3437	3061	2701	2377	2095	17.2	14.3
	14	257.7	20.7	5799	5640	5530	5399	5236	5026	4749	4397	3982	3544	3125	2749	2423	17.1	14.2
	16	293.6	20.7	6605	6423	6296	6147	5960	5718	5400	4995	4520	4020	3542	3114	2743	16.9	14.1
	18	329.1	20.6	7405	7200	7057	6888	6678	6404	6044	5586	5049	4487	3952	3473	3058	16.8	14.0
	20	364.4	20.5	8200	7971	7813	7624	7390	7084	6681	6170	5572	4947	4354	3825	3367	16.6	13.9
	22	399.5	20.5	8988	8737	8562	8354	8095	7757	7312	6746	6086	5399	4750	4170	3670	14.2	13.8
	24	434.3	20.4	9337	9083	8906	8697	8438	8102	7663	7102	6439	5738	5063	4456	3927	14.1	13.7

续表

外径 d (mm)	壁厚 t (mm)	截面面积 A (cm²)	回转半径 i (cm)	抗拉力设计值 N (kN)	标准尺寸轴心受压稳定时的承载力设计值 Nc (kN) 当计算长度 l₀ (m) =												尺寸偏差引起 Nc 变化范围 (%)	
					5.0	7.0	9.0	11.0	13.0	15.0	17.0	19.0	21.0	23.0	25.0	27.0	增强	减弱
	10	194.8	21.9	4383	4273	4196	4106	3997	3860	3682	3454	3177	2869	2558	2268	2009	17.4	14.4
	12	233.0	21.9	5242	5110	5018	4910	4779	4613	4398	4123	3789	3419	3047	2700	2391	17.2	14.3
	14	270.9	21.8	6096	5942	5834	5708	5554	5360	5108	4785	4393	3961	3528	3124	2766	17.1	14.2
	16	308.6	21.7	6944	6768	6644	6500	6324	6100	5810	5439	4990	4495	4001	3542	3134	17.0	14.1
630	18	346.1	21.7	7787	7588	7448	7286	7087	6834	6507	6087	5579	5022	4467	3952	3497	16.8	14.0
	20	383.3	21.6	8624	8403	8247	8066	7844	7562	7196	6727	6161	5541	4925	4356	3852	16.7	14.0
	22	420.2	21.5	9455	9211	9040	8840	8596	8284	7879	7360	6735	6052	5376	4752	4202	14.3	13.9
	24	456.9	21.4	9824	9578	9404	9203	8958	8648	8248	7735	7112	6420	5724	5073	4494	14.2	13.8

二、钢管轴心受拉和轴心受压承载能力表（16Mn 钢）

附表 7-2-1

外径 d (mm)	壁厚 t (mm)	截面面积 A (cm²)	回转半径 i (cm)	抗拉力设计值 N (kN)	标准尺寸轴心受压稳定时的承载力设计值 Nc (kN) 当计算长度 l₀ (m) =												尺寸偏差引起 Nc 变化范围 (%)	
					0.5	1.0	1.5	2.0	2.5	3.0	3.5	4.0	4.5	5.0	5.5	6.0	增强	减弱
32	4	3.52	1.00	105.6	93.6	53.8	26.6	15.5									13.1	12.9
	5	4.24	0.97	127.2	112.0	61.9	30.4	17.6	10.0								13.8	12.1
	6	4.90	0.94	147.0	128.5	68.4	33.3	19.3									13.0	11.6
38	4	4.27	1.21	128.2	117.9	84.5	45.7	27.0	17.6								12.9	12.8
	5	5.18	1.18	155.5	142.5	99.6	53.0	31.2	20.4	12.4							14.1	12.2
	6	6.03	1.15	181.0	165.1	112.4	59.0	34.7	22.6								13.4	11.8
42	4	4.78	1.35	143.3	133.7	105.3	61.7	37.0	24.3	17.2							12.8	12.7
	5	5.81	1.32	174.4	162.2	125.6	72.3	43.2	28.3	20.0							14.2	12.2
	6	6.79	1.29	203.6	188.9	143.6	81.2	48.3	31.7	22.3							13.6	11.9
45	4	5.15	1.46	154.6	145.4	120.3	75.3	45.9	30.3	21.4							12.8	12.7
	5	6.28	1.43	188.5	176.9	144.5	88.7	53.8	35.5	25.0	15.9						14.2	12.2
	6	7.35	1.40	220.5	206.5	166.4	100.2	60.5	39.8	28.1	18.6						13.7	11.9
50	4	5.78	1.63	173.4	164.8	143.8	100.0	63.1	42.1	29.9	22.2	17.2					12.7	12.6
	5	7.07	1.60	212.1	201.2	174.2	119.0	74.6	49.6	35.2	26.2	20.2					14.3	12.2
	6	8.29	1.57	248.8	235.7	202.4	135.8	84.5	56.2	39.8	29.6						13.9	12.0

续表

外径 d (mm)	壁厚 t (mm)	截面面积 A (cm²)	回转半径 i (cm)	抗拉力设计值 N (kN)	标准尺寸轴心受压稳定时的承载力设计值 Nc (kN) 当计算长度 l_0 (m) =												尺寸偏差引起 Nc 变化范围 (%)	
					0.5	1.0	1.5	2.0	2.5	3.0	3.5	4.0	4.5	5.0	5.5	6.0	增强	减弱
54	4	6.28	1.77	188.5	180.3	161.5	121.0	79.1	53.3	38.0	28.3	21.9					12.9	12.8
	5	7.70	1.74	230.9	220.5	196.6	144.9	94.0	63.2	44.9	33.5	25.9					14.5	12.3
	6	9.05	1.71	271.4	258.9	229.5	166.6	107.1	71.8	51.1	38.0	29.4					14.1	12.1
57	4	6.66	1.88	199.8	191.8	174.4	136.8	92.3	62.8	44.9	33.5	26.0	20.7				13.1	13.0
	5	8.17	1.85	245.0	235.0	212.7	164.7	110.0	74.6	53.3	39.8	30.8	24.5				14.6	12.4
	6	9.61	1.82	288.4	276.2	249.0	190.2	125.9	85.2	60.7	45.3	35.1	27.9				14.2	12.2
60	4	7.04	1.98	211.1	203.4	187.0	152.4	106.4	73.2	52.5	39.3	30.5	24.3				13.2	13.1
	5	8.64	1.95	259.2	249.4	228.6	184.3	127.3	87.3	62.5	46.8	36.2	28.9				14.7	12.5
	6	10.18	1.92	305.4	293.6	268.1	213.8	146.1	99.8	71.5	53.4	41.4	33.0				14.3	12.2
64	4	7.48	2.11	224.3	216.8	201.4	170.2	123.7	86.4	62.4	46.8	36.3	29.0	23.7			13.4	13.2
	5	9.19	2.08	275.7	266.2	246.7	206.7	148.6	103.4	74.5	55.9	43.4	34.6	28.2			14.8	12.7
	6	10.84	2.04	325.2	313.7	289.9	240.8	171.3	118.7	85.4	64.0	49.6	39.6	32.3			14.5	12.3
68	4	8.04	2.27	241.3	234.1	219.6	192.2	147.0	105.2	76.6	57.7	44.9	35.9	29.3	24.3		13.5	13.3
	5	9.90	2.23	296.9	287.8	269.5	234.4	177.4	126.3	91.8	69.1	53.7	42.9	35.0	29.1		14.9	12.8
	6	11.69	2.20	350.6	339.7	317.5	274.3	205.5	145.5	105.6	79.4	61.7	49.3	40.2	33.4		14.6	12.4

附表7-2-2

外径 d (mm)	壁厚 t (mm)	截面面积 A (cm²)	回转半径 i (cm)	抗拉力设计值 N (kN)	标准尺寸轴心受压稳定时的承载力设计值 Nc (kN) 当计算长度 l₀ (m) =												尺寸偏差引起 Nc 变化范围 (%)	
					1.0	1.5	2.0	2.5	3.0	3.5	4.0	4.5	5.0	5.5	6.0	6.5	增强	减弱
70	5	10.21	2.30	306.3	279.6	246.3	190.5	137.2	100.1	75.5	58.8	47.0	38.4	31.9			15.0	12.9
	6	12.06	2.27	361.9	329.5	288.7	221.1	158.4	115.4	86.9	67.6	54.0	44.1	36.7			14.6	12.5
	7	13.85	2.24	415.6	377.5	328.7	249.4	177.1	129.2	97.3	75.6	60.4	49.3	41.0			14.3	12.2
	8	15.58	2.21	467.5	423.6	366.5	275.3	195.2	141.7	106.6	82.9	66.2	54.0	44.9			14.0	12.0
73	5	10.68	2.41	320.4	294.5	263.7	210.3	154.3	113.5	85.9	66.9	53.5	43.8	36.4	30.8		15.1	13.0
	6	12.63	2.38	378.9	347.5	309.7	244.8	178.6	131.0	99.0	77.2	61.7	50.4	41.9			14.7	12.6
	7	14.51	2.35	435.4	398.6	353.5	276.9	200.8	147.0	111.0	86.5	69.1	56.5	47.0			14.4	12.3
	8	16.34	2.32	490.1	447.6	395.0	306.6	221.1	161.5	121.9	94.9	75.8	61.9	51.5			14.1	12.1
76	5	11.15	2.52	334.6	309.4	280.7	230.1	172.3	127.7	97.0	75.8	60.7	49.6	41.3	34.9		15.2	13.1
	6	13.19	2.48	395.8	365.4	330.2	268.6	199.8	147.7	112.1	87.5	70.0	57.3	47.7	40.3		14.8	12.7
	7	15.17	2.45	455.2	419.5	377.6	304.5	225.2	166.1	125.9	98.2	78.6	64.2	53.5	45.2		14.5	12.3
	8	17.09	2.42	512.7	471.5	422.8	338.1	248.5	182.9	138.5	108.0	86.4	70.6	58.7	49.6		14.2	12.2
83	5	12.25	2.76	367.6	343.8	318.9	275.3	216.5	164.4	126.5	99.0	79.6	65.2	54.3	46.0	39.4	15.5	13.3
	6	14.51	2.73	435.4	406.8	376.3	323.0	252.4	190.9	146.3	114.8	92.1	75.5	62.9	53.2	45.6	14.9	12.9
	7	16.71	2.70	501.4	467.7	431.7	368.2	285.9	215.6	164.9	129.3	103.8	85.0	70.8	59.9	51.3	14.6	12.5
	8	18.85	2.67	565.5	526.8	484.9	411.1	317.1	238.3	182.1	142.7	114.4	93.7	78.1	66.0	56.5	14.4	12.3
89	5	13.19	2.98	395.8	373.1	350.5	312.2	256.0	199.2	154.6	122.1	98.3	80.7	67.4	57.1	48.9	15.7	13.4
	6	15.65	2.94	469.4	441.9	414.4	367.6	299.6	232.1	179.8	141.8	114.2	93.7	78.2	66.2	56.8	15.1	13.0
	7	18.03	2.91	541.0	508.8	476.3	420.6	340.6	262.9	203.3	160.2	129.0	105.8	88.3	74.7	64.0	14.8	12.7
	8	20.36	2.88	610.7	573.7	536.1	471.3	379.3	291.7	225.1	177.3	142.6	117.0	97.6	82.6	70.8	14.5	12.4

续表

外径 d (mm)	壁厚 t (mm)	截面面积 A (cm²)	回转半径 i (cm)	抗拉力设计值 N (kN)	标准尺寸轴心受压稳定时的承载力设计值 N_c (kN) 当计算长度 l_0 (m) =												尺寸偏差引起 N_c 变化范围 (%)	
					1.0	1.5	2.0	2.5	3.0	3.5	4.0	4.5	5.0	5.5	6.0	6.5	增强	减弱
95	5	14.14	3.19	424.1	402.2	381.3	347.6	295.6	236.4	186.1	147.9	119.6	98.4	82.3	69.7	59.8	15.9	13.5
	6	16.78	3.15	503.3	476.9	451.5	410.3	347.1	276.4	217.0	172.3	139.3	114.5	95.7	81.1	69.6	15.3	13.2
	7	19.35	3.12	580.6	549.6	519.7	470.7	396.1	314.0	246.0	195.1	157.6	129.6	108.3	91.7	78.7	14.9	12.8
	8	21.87	3.09	656.0	620.4	585.9	528.9	442.6	349.4	273.2	216.4	174.7	143.6	119.9	101.6	87.1	14.7	12.5
	9	24.32	3.06	729.5	689.3	650.0	584.8	486.6	382.6	298.5	236.3	190.6	156.6	130.8	110.8	95.0	14.4	12.3
	10	26.70	3.03	801.1	756.3	712.2	638.4	528.3	413.7	322.1	254.7	205.4	168.7	140.8	119.3	102.3	14.2	12.2
	12	31.29	2.97	938.7	884.5	830.4	738.9	604.7	469.9	364.5	287.7	231.7	190.2	158.8	134.4	115.2	13.7	11.9
102	5	15.24	3.43	457.1	436.1	416.7	387.0	340.7	281.9	226.2	181.6	147.6	121.9	102.1	86.6	74.4	16.0	13.6
	6	18.10	3.40	542.9	517.5	494.1	457.9	401.4	330.6	264.6	212.1	172.3	142.1	119.0	101.0	86.7	15.6	13.3
	7	20.89	3.37	626.7	597.1	569.5	526.6	459.7	376.9	300.8	240.8	195.5	161.2	134.9	114.5	98.3	15.1	13.0
	8	23.62	3.34	708.7	674.7	642.9	593.1	515.5	420.8	335.0	267.8	217.2	179.0	149.8	127.1	109.1	14.8	12.7
	9	26.30	3.30	788.9	750.3	714.3	657.4	568.8	462.3	367.1	293.1	237.5	195.7	163.8	138.9	119.2	14.6	12.4
	10	28.90	3.27	867.1	824.1	783.7	719.5	619.8	501.6	397.2	316.8	256.6	211.3	176.8	149.9	128.6	14.4	12.3
	12	33.93	3.21	1018	965.9	916.6	837.1	714.5	573.4	452.0	359.6	290.9	239.4	200.2	169.7	145.6	13.9	12.0
108	5	16.18	3.65	485.4	465.0	446.7	419.7	378.0	321.6	263.0	213.3	174.4	144.4	121.2	103.0	88.5	16.2	13.7
	6	19.23	3.61	576.8	552.3	530.1	497.3	446.4	378.2	308.4	249.7	203.9	168.7	141.6	120.3	103.4	15.7	13.4
	7	22.21	3.58	666.3	637.6	611.5	572.7	512.4	432.3	351.4	284.0	231.7	191.7	160.8	136.6	117.4	15.3	13.1
	8	25.13	3.55	754.0	721.0	691.0	646.0	576.1	483.9	392.2	316.5	258.0	213.3	178.8	151.9	130.5	14.9	12.8
	9	27.99	3.51	839.7	802.5	768.5	717.2	637.3	533.0	430.8	347.1	282.7	233.6	195.8	166.3	142.8	14.7	12.5
	10	30.79	3.48	923.6	882.1	844.0	786.2	696.1	579.8	467.2	375.9	305.9	252.7	211.7	179.8	154.4	14.5	12.3
	12	36.19	3.42	1086	1036	989.2	917.9	806.7	666.2	534.0	428.5	348.2	287.3	240.6	204.2	175.4	14.1	12.1

续表

外径 d (mm)	壁厚 t (mm)	截面面积 A (cm²)	回转半径 i (cm)	抗拉力设计值 N (kN)	标准尺寸轴心受压稳定时的承载力设计值 Nc (kN) 当计算长度 l₀ (m) =												尺寸偏差引起 Nc 变化范围 (%)	
					1.0	1.5	2.0	2.5	3.0	3.5	4.0	4.5	5.0	5.5	6.0	6.5	增强	减弱
114	5	17.12	3.86	513.7	493.9	476.4	451.5	414.0	361.1	301.5	247.4	203.6	169.2	142.3	121.2	104.3	16.3	13.7
	6	20.36	3.82	610.7	587.0	565.8	535.6	489.8	425.6	354.2	290.1	238.4	198.1	166.5	141.7	121.9	15.8	13.5
	7	23.53	3.79	705.9	678.1	653.2	617.6	563.3	487.7	404.5	330.7	271.5	225.4	198.4	161.2	138.6	15.4	13.2
	8	26.64	3.76	799.2	767.3	738.7	697.5	634.5	547.2	452.4	369.2	302.8	251.2	211.1	179.5	154.4	15.0	12.9
	9	29.69	3.73	890.6	854.5	822.2	775.3	703.4	604.2	498.0	405.7	332.4	275.6	231.5	196.8	169.3	14.8	12.7
	10	32.67	3.69	980.2	939.9	903.7	851.0	769.9	658.8	541.4	440.2	360.3	298.6	250.7	213.2	183.3	14.6	12.4
	12	38.45	3.63	1154	1105	1061	996.2	896.0	760.8	621.4	503.6	411.5	340.6	285.8	242.9	208.8	14.2	12.2
121	5	18.22	4.11	546.6	527.6	510.8	487.9	454.3	406.2	347.5	289.8	240.6	201.0	169.6	144.7	124.7	16.4	13.8
	6	21.68	4.07	650.3	627.3	607.1	579.3	538.5	479.9	409.2	340.5	282.3	235.7	198.8	169.5	146.1	16.0	13.6
	7	25.07	4.04	752.1	725.6	701.4	668.7	620.4	551.2	468.5	388.9	322.1	268.5	226.5	193.1	166.4	15.6	13.3
	8	28.40	4.01	852.0	821.1	793.8	756.1	700.1	620.0	525.2	435.1	359.9	300.0	252.8	215.5	185.6	15.2	13.1
	9	31.67	3.97	950.0	915.2	884.3	841.4	777.5	686.4	579.6	479.1	395.8	329.7	277.8	236.7	203.8	14.9	12.8
	10	34.87	3.94	1046	1007	972.5	924.7	852.6	750.3	631.0	521.0	429.9	357.9	301.4	256.7	221.0	14.7	12.6
	12	41.09	3.88	1233	1186	1144	1085	996.2	870.7	728.4	598.5	492.8	409.7	344.7	293.5	252.6	14.4	12.3

附表7-2-3

外径 d (mm)	壁厚 t (mm)	截面面积 A (cm²)	回转半径 i (cm)	抗拉力设计值 N (kN)	标准尺寸轴心受压稳定时的承载力设计值 Nc (kN) 当计算长度 l_0 (m) =												尺寸偏差引起 Nc 变化范围 (%)	
					1.0	2.0	3.0	4.0	5.0	6.0	7.0	8.0	9.0	10.0	11.0	12.0	增强	减弱
127	6	22.81	4.28	684.2	661.9	616.2	525.2	385.8	270.8	195.8	147.1	114.2	91.1	74.4			16.1	13.6
	7	26.39	4.25	791.7	765.5	711.9	604.2	441.5	309.2	223.3	167.7	130.2	103.9	84.8			15.7	13.4
	8	29.91	4.22	897.2	867.3	805.5	680.8	494.7	345.7	249.5	187.3	145.4	116.0	94.6			15.4	13.2
	9	33.36	4.18	1001	967.0	897.1	755.0	545.7	380.5	274.4	205.9	159.8	127.4	104.0			15.0	12.9
	10	36.76	4.15	1103	1065	986.7	826.8	594.4	413.5	298.0	223.5	173.4	138.3	112.8			14.8	12.7
	12	43.35	4.09	1301	1255	1160	963.1	685.2	474.8	341.6	256.1	198.6	158.3	129.1			14.5	12.3
	14	49.70	4.03	1491	1437	1325	1090	767.5	529.8	380.7	285.1	221.1	176.2	143.7			14.1	12.1
	16	55.79	3.97	1674	1612	1489	1207	841.7	579.0	415.5	311.0	241.0	192.1				13.8	11.9
133	6	23.94	4.50	718.2	696.5	652.7	569.0	432.5	308.5	224.4	169.0	121.4	105.0	85.7	71.3		16.2	13.7
	7	27.71	4.46	831.3	805.9	754.4	655.6	495.7	352.6	256.2	192.9	150.0	119.8	97.8	81.3		15.9	13.5
	8	31.42	4.43	942.5	913.3	854.2	739.8	556.4	394.8	286.6	215.7	167.6	133.9	109.3	90.8		15.5	13.3
	9	35.06	4.40	1052	1019	952.0	821.7	614.8	435.1	315.6	237.4	184.5	147.3	120.2			15.1	13.0
	10	38.64	4.36	1159	1123	1048	901.2	670.7	473.6	343.1	258.0	200.4	160.0	130.6			14.8	12.8
	12	45.62	4.30	1369	1324	1233	1053	775.5	545.1	394.3	296.2	230.0	183.6	149.8			14.5	12.4
	14	52.34	4.24	1570	1518	1411	1196	871.6	609.8	440.4	330.6	256.7	204.8	167.1			14.2	12.2
	16	58.81	4.18	1764	1704	1581	1329	958.9	668.2	481.8	361.5	280.5	223.7	182.5			13.9	12.0

续表

外径 d (mm)	壁厚 t (mm)	截面面积 A (cm²)	回转半径 i (cm)	抗拉力设计值 N (kN)	标准尺寸轴心受压稳定时的承载力设计值 Nc (kN) 当计算长度 l₀ (m) =												尺寸偏差引起 Nc 变化范围 (%)	
					1.0	2.0	3.0	4.0	5.0	6.0	7.0	8.0	9.0	10.0	11.0	12.0	增强	减弱
140	6	25.26	4.74	757.8	736.8	694.8	618.5	487.9	355.4	260.6	197.0	153.5	122.7	100.3	83.4		16.3	13.8
	7	29.25	4.71	877.4	852.9	803.6	713.6	560.2	406.8	297.9	225.1	175.3	140.2	114.5	95.3		16.0	13.6
	8	33.18	4.68	995.3	967.0	910.5	806.4	630.0	456.2	333.7	252.0	196.2	156.8	128.1	106.6		15.6	13.3
	9	37.04	4.64	1111	1079	1015	896.9	697.3	503.5	367.9	277.7	216.2	172.8	141.1	117.4		15.3	13.1
	10	40.84	4.61	1225	1190	1118	985.1	762.1	548.7	400.5	302.2	235.2	187.9	153.5	127.6		15.0	12.9
	12	48.25	4.55	1448	1405	1318	1155	884.5	633.5	461.4	347.8	270.6	216.1	176.5	146.8		14.6	12.5
	14	55.42	4.48	1663	1612	1510	1315	997.4	710.7	516.7	389.1	302.6	241.6	197.3	164.0		14.3	12.3
	16	62.33	4.42	1870	1812	1694	1466	1101	780.9	566.8	426.5	331.5	264.6	216.0	179.6		14.0	12.1
146	6	26.39	4.95	791.7	771.3	730.5	659.7	535.5	397.9	294.0	223.0	174.1	139.3	113.9	94.8	80.1	16.4	13.8
	7	30.57	4.92	917.0	893.1	845.4	761.8	615.8	456.0	336.6	255.5	199.1	159.3	130.2	108.4	91.6	16.1	13.6
	8	34.68	4.89	1041	1013	958.3	861.7	693.5	511.9	377.3	285.9	223.0	178.4	145.9	121.4	102.6	15.8	13.4
	9	38.74	4.85	1162	1131	1069	959.4	768.6	565.6	416.4	315.3	245.9	196.7	160.8	133.8	113.0	15.4	13.2
	10	42.73	4.82	1282	1247	1178	1055	841.3	617.2	453.8	343.5	267.8	214.2	175.1	145.7	123.1	15.1	13.0
	12	50.52	4.76	1516	1474	1390	1239	979.3	714.2	523.9	396.1	308.7	246.8	201.7	167.8		14.7	12.6
	14	58.06	4.69	1742	1693	1594	1414	1108	803.2	587.9	444.1	345.8	276.5	225.8	187.9		14.4	12.3
	16	65.35	4.63	1960	1904	1791	1580	1226	884.6	646.1	487.6	379.6	303.3	247.7	206.1		14.1	12.1

续表

外径 d (mm)	壁厚 t (mm)	截面面积 A (cm²)	回转半径 i (cm)	抗拉力设计值 N (kN)	标准尺寸轴心受压稳定时的承载力设计值 Nc (kN) 当计算长度 l_0 (m) =												尺寸偏差引起 Nc 变化范围 (%)	
					1.0	2.0	3.0	4.0	5.0	6.0	7.0	8.0	9.0	10.0	11.0	12.0	增强	减弱
152	6	27.52	5.17	825.6	805.8	766.1	699.8	582.8	442.1	329.7	251.0	196.3	157.3	128.7	107.2	90.6	16.5	13.9
	7	31.89	5.13	956.6	933.4	886.9	808.8	671.0	507.3	377.7	287.4	224.7	180.0	147.3	122.7	103.7	16.2	13.7
	8	36.19	5.10	1086	1059	1006	915.7	756.7	570.1	423.9	322.4	252.0	201.8	165.1	137.5	116.2	15.9	13.5
	9	40.43	5.07	1213	1183	1123	1020	839.8	630.7	468.3	355.9	278.1	222.7	182.2	151.7	128.2	15.5	13.3
	10	44.61	5.03	1338	1305	1238	1123	920.4	689.0	510.9	388.0	303.1	242.7	198.5	165.2	139.6	15.2	13.1
	12	52.78	4.97	1583	1543	1462	1321	1074	799.1	590.9	448.3	350.0	280.1	229.0	190.7	161.1	14.8	12.7
	14	60.70	4.90	1821	1773	1678	1510	1218	900.7	664.3	503.5	392.8	314.3	256.9	213.8	180.7	14.5	12.4
	16	68.36	4.84	2051	1996	1886	1691	1353	994.1	731.5	553.8	431.8	345.5	282.3	234.9	198.5	14.2	12.2

附表7—2—4

外径 d (mm)	壁厚 t (mm)	截面面积 A (cm²)	回转半径 i (cm)	抗拉力设计值 N (kN)	标准尺寸轴心受压稳定时的承载力设计值 N_c (kN) 当计算长度 l_o (m) =												尺寸偏差引起 N_c 变化范围 (%)	
					2.0	3.0	4.0	5.0	6.0	7.0	8.0	9.0	10.0	11.0	12.0	13.0	增强	减弱
159	6	28.84	5.41	865.2	807.4	745.6	637.1	495.5	373.9	286.2	224.4	180.1	147.5	122.9	100.0	89.0	16.6	13.9
	7	33.43	5.38	1003	935.1	862.4	734.4	569.3	428.8	328.0	257.1	206.3	168.9	140.8	119.0	102	16.3	13.7
	8	37.95	5.35	1139	1061	977.1	829.3	640.6	481.8	368.2	288.5	231.5	189.5	157.9	133.5	114	16.0	13.6
	9	42.41	5.31	1272	1185	1090	921.7	709.6	532.8	406.9	318.7	255.6	209.3	174.4	147.4	126	15.7	13.4
	10	46.81	5.28	1404	1307	1200	1012	776.2	581.9	444.1	347.7	278.8	228.3	190.1	160.8	138	15.4	13.2
	12	55.42	5.21	1663	1545	1414	1184	902.5	674.5	514.1	402.3	322.5	263.9	219.8	185.8	159	14.8	12.8
	14	63.77	5.15	1913	1775	1620	1347	1020	759.9	578.5	452.4	362.5	296.6	247.0	208.8		14.6	12.4
	16	71.88	5.09	2156	1997	1817	1499	1129	838.6	637.6	498.3	399.1	326.5	271.8	229.8		14.3	12.2
	18	79.73	5.03	2392	2212	2005	1643	1229	910.8	691.7	540.2	432.6	353.8	294.5	248.9		14.0	12.1
	20	87.34	4.97	2620	2419	2185	1777	1321	976.8	741.0	578.5	463.0	378.6	315.1	266.3		13.7	11.9
168	6	30.54	5.73	916.1	860.2	803.2	704.9	566.0	434.6	335.3	263.9	212.3	174.1	145.2	122.9	105.3	16.7	14.0
	7	35.41	5.70	1062	996.8	929.7	813.9	651.3	499.1	384.7	302.7	243.4	199.6	166.4	140.8	120.7	16.4	13.8
	8	40.21	5.66	1206	1131	1054	920.4	734.1	561.5	432.4	340.1	273.4	224.1	186.9	158.2	135.5	16.1	13.6
	9	44.96	5.63	1349	1264	1177	1025	814.4	621.8	478.4	376.1	302.3	247.8	206.6	174.8	149.8	15.8	13.5
	10	49.64	5.60	1489	1395	1297	1126	892.3	679.9	522.7	410.8	330.1	270.5	225.5	190.8	163.5	15.5	13.3
	12	58.81	5.53	1764	1651	1531	1322	1041	790.2	606.5	476.2	382.5	313.4	261.3	221.0	189.3	15.0	12.9
	14	67.73	5.47	2032	1898	1757	1509	1180	892.6	684.1	536.7	430.9	353.0	294.2	248.8	213.2	14.7	12.5
	16	76.40	5.40	2292	2139	1974	1685	1309	987.5	755.7	592.5	475.5	389.4	324.5	274.4	235.1	14.4	12.3
	18	84.82	5.34	2545	2371	2183	1852	1430	1075	821.7	643.8	516.5	422.9	352.3	297.9	255.2	14.2	12.1
	20	92.99	5.28	2790	2596	2384	2010	1542	1156	882.4	690.9	554.0	453.5	377.8	319.4	273.5	13.9	12.0

续表

外径 d (mm)	壁厚 t (mm)	截面面积 A (cm²)	回转半径 i (cm)	抗拉力设计值 N (kN)	标准尺寸轴心受压稳定时的承载力设计值 Nc (kN) 当计算长度 l₀ (m) =												尺寸偏差引起 Nc 变化范围 (%)	
					2.0	3.0	4.0	5.0	6.0	7.0	8.0	9.0	10.0	11.0	12.0	13.0	增强	减弱
180	6	32.80	6.16	983.9	930.3	878.1	791.8	661.3	521.3	407.2	322.5	260.3	213.9	178.7	151.3	139.8	16.8	14.1
	7	38.04	6.12	1141	1079	1017	915.6	762.4	599.7	468.0	370.4	298.9	245.6	205.1	173.7	149.0	16.5	13.9
	8	43.23	6.09	1297	1225	1155	1037	861.0	675.8	526.7	416.7	336.1	276.1	230.6	195.3	167.5	16.3	13.7
	9	48.35	6.05	1451	1369	1290	1156	957.0	749.5	583.6	461.5	372.1	305.2	255.2	216.1	185.3	16.0	13.6
	10	53.41	6.02	1602	1512	1423	1273	1051	821.0	638.6	504.7	406.8	334.1	278.9	236.2	202.5	15.7	13.4
	12	63.33	5.95	1900	1791	1683	1500	1230	957.3	743.1	586.7	472.7	388.1	323.9	274.3	235.1	15.2	13.1
	14	73.01	5.89	2190	2062	1934	1717	1400	1085	840.5	663.1	533.9	438.5	365.7	309.6	265.4	14.8	12.7
	16	82.44	5.83	2473	2326	2178	1924	1559	1204	931.2	733.9	590.7	484.7	404.4	342.3	293.4	14.6	12.4
	18	91.61	5.76	2748	2582	2413	2123	1710	1315	1015	799.6	643.3	527.6	440.1	372.5	319.2	14.3	12.2
	20	100.5	5.70	3016	2831	2640	2312	1851	1419	1093	860.3	691.8	567.3	473.1	400.4	343.1	14.1	12.1
194	6	35.44	6.65	1063	1012	963.8	888.4	771.1	628.6	499.9	399.5	324.0	267.0	223.4	189.5	162.7	16.9	14.1
	7	41.12	6.62	1234	1174	1117	1029	890.7	724.4	575.4	459.5	372.4	306.9	256.8	217.8	186.9	16.7	14.0
	8	46.75	6.58	1402	1334	1269	1167	1008	817.8	648.6	517.6	419.4	345.6	289.1	245.2	210.4	16.4	13.8
	9	52.31	6.55	1569	1492	1419	1303	1122	908.7	719.8	574.0	465.0	383.0	320.4	271.6	233.1	16.2	13.7
	10	57.81	6.51	1734	1648	1566	1436	1235	997.1	788.8	628.7	509.1	419.2	350.6	297.3	255.1	15.9	13.5
	12	68.61	6.45	2058	1954	1855	1696	1451	1167	920.7	732.9	593.1	488.2	408.2	346.0	296.9	15.4	13.2
	14	79.17	6.38	2375	2253	2136	1948	1658	1327	1045	830.5	671.7	552.7	462.0	391.6	335.9	14.9	12.9
	16	89.47	6.32	2684	2544	2409	2190	1854	1478	1161	921.9	745.1	612.9	512.2	434.0	372.3	14.7	12.6
	18	99.53	6.25	2986	2827	2647	2424	2041	1620	1270	1007	813.5	668.9	558.9	473.6	406.2	14.5	12.3
	20	109.3	6.19	3280	3103	2931	2648	2218	1753	1371	1087	877.2	721.1	602.3	510.3	437.6	14.3	12.2

续表

外径 d (mm)	壁厚 t (mm)	截面面积 A (cm²)	回转半径 i (cm)	抗拉力设计值 N (kN)	标准尺寸轴心受压稳定时的承载力设计值 N_c (kN)　当计算长度 l_0 (m) =												尺寸偏差引起 N_c 变化范围 (%)	
					2.0	3.0	4.0	5.0	6.0	7.0	8.0	9.0	10.0	11.0	12.0	13.0	增强	减弱
203	6	37.13	6.97	1114	1064	1018	948.4	839.8	699.6	563.9	453.7	369.3	305.0	255.6	217.0	186.4	17.0	14.2
	7	43.10	6.93	1293	1235	1181	1099	971.1	807.1	649.5	522.2	424.9	350.8	293.9	249.5	214.3	16.7	14.0
	8	49.01	6.90	1470	1403	1342	1247	1100	912.1	732.9	588.8	478.8	395.3	331.2	281.1	241.4	16.5	13.9
	9	54.85	6.87	1646	1570	1500	1393	1226	1015	814.1	653.5	531.2	438.5	367.2	311.7	267.7	16.3	13.7
	10	60.63	6.83	1819	1735	1657	1537	1350	1115	893.0	716.3	582.1	480.3	402.2	341.4	293.1	16.0	13.6
	12	72.01	6.77	2160	2059	1964	1818	1590	1307	1044	836.4	679.2	560.2	469.0	397.9	341.6	15.5	13.3
	14	83.13	6.70	2494	2375	2264	2091	1821	1490	1187	949.4	770.4	635.1	531.6	451.0	387.1	15.1	13.0
	16	94.00	6.64	2820	2683	2555	2354	2041	1663	1321	1056	855.9	705.3	590.2	500.6	429.7	14.8	12.7
	18	104.6	6.57	3139	2984	2839	2609	2252	1826	1448	1155	935.9	771.0	645.0	547.0	469.4	14.6	12.4
	20	115.0	6.51	3450	3277	3115	2855	2453	1981	1567	1248	1011	832.4	696.1	590.2	506.5	14.4	12.3

附表7—2—5

外径 d (mm)	壁厚 t (mm)	截面面积 A (cm²)	回转半径 i (cm)	抗拉力设计值 N (kN)	标准尺寸轴心受压稳定时的承载力设计值 Nc (kN) 当计算长度 l₀ (m) =												尺寸偏差引起 Nc 变化范围 (%)	
					2.5	3.5	4.5	5.5	6.5	7.5	8.5	9.5	10.5	11.5	12.5	13.5	增强	减弱
219	8	53.03	7.47	1591	1500	1432	1328	1174	985.3	805.1	657.1	541.5	451.9	382.0	326.7	282.4	16.6	14.0
	9	59.38	7.43	1781	1679	1601	1484	1310	1097	895.2	730.0	601.4	501.8	424.1	362.7	313.5	16.4	13.8
	10	65.66	7.40	1970	1856	1769	1638	1443	1206	982.9	801.1	659.6	550.3	465.0	397.7	343.7	16.2	13.7
	12	78.04	7.33	2341	2204	2099	1939	1701	1417	1152	937.4	771.4	643.2	543.4	464.6	401.5	15.7	13.4
	14	90.16	7.26	2705	2544	2420	2231	1959	1617	1312	1066	876.9	730.9	617.3	527.7	455.9	15.3	13.1
	16	102.0	7.20	3061	2876	2734	2514	2188	1808	1464	1188	976.4	813.5	686.9	587.1	507.2	14.9	12.9
	18	113.7	7.13	3410	3201	3039	2788	2417	1990	1607	1303	1070	891.3	752.4	642.9	555.3	14.7	12.6
	20	125.0	7.07	3751	3518	3336	3053	2636	2162	1742	1411	1158	964.3	813.8	695.3	600.5	14.5	12.4
	22	136.2	7.01	4085	3827	3625	3308	2846	2326	1870	1513	1241	1033	871.5	744.4	642.8	12.2	12.2
	24	147.0	6.95	4264	3997	3790	3466	2990	2451	1974	1598	1311	1092	921.3	787.0	679.7	12.0	12.1
245	8	59.56	8.38	1787	1702	1641	1556	1430	1260	1069	891.7	744.1	625.7	531.4	455.9	395.0	16.8	14.1
	9	66.73	8.35	2002	1906	1837	1740	1599	1407	1191	992.6	827.8	695.9	590.9	506.9	439.1	16.6	13.9
	10	73.83	8.32	2215	2108	2031	1923	1764	1550	1310	1091	909.6	764.4	648.9	556.7	482.2	16.4	13.8
	12	87.84	8.25	2635	2506	2414	2283	2089	1828	1542	1282	1067	896.4	760.7	652.4	565.0	16.0	13.6
	14	101.6	8.18	3048	2897	2788	2633	2404	2097	1764	1464	1218	1022	867.0	743.3	643.6	15.6	13.3
	16	115.1	8.12	3453	3280	3155	2976	2710	2356	1976	1637	1361	1141	967.8	829.5	718.1	15.2	13.1
	18	128.4	8.05	3851	3655	3514	3309	3007	2605	2179	1802	1496	1254	1063	911.3	788.8	14.9	12.8
	20	141.4	7.99	4241	4023	3864	3635	3293	2844	2373	1959	1625	1362	1154	988.6	855.6	14.7	12.6
	22	154.1	7.92	4624	4383	4207	3952	3571	3073	2557	2108	1747	1463	1240	1062	918.8	12.3	12.4
	24	166.6	7.86	4832	4584	4403	4141	3752	3239	2702	2231	1850	1550	1314	1126	974.1	12.2	12.3

续表

外径 d (mm)	壁厚 t (mm)	截面面积 A (cm²)	回转半径 i (cm)	抗拉力设计值 N (kN)	标准尺寸轴心受压稳定时的承载力设计值 Nc (kN) 当计算长度 l₀ (m) =												尺寸偏差引起 Nc 变化范围 (%)	
					2.5	3.5	4.5	5.5	6.5	7.5	8.5	9.5	10.5	11.5	12.5	13.5	增强	减弱
273	8	66.60	9.37	1998	1918	1862	1789	1687	1544	1365	1173	997.5	848.2	725.4	625.3	543.4	16.9	14.1
	9	74.64	9.34	2239	2149	2086	2004	1888	1726	1524	1309	1112	944.8	807.8	696.2	605.0	16.8	14.0
	10	82.62	9.31	2479	2378	2308	2216	2087	1906	1680	1441	1224	1039	888.5	765.5	665.2	16.6	13.9
	12	98.39	9.24	2952	2831	2747	26345	2477	2258	1985	1699	1440	1223	1045	899.7	781.5	16.2	13.7
	14	113.9	9.17	3417	3276	3177	3045	2859	2600	2280	1947	1649	1398	1194	1028	892.7	15.9	13.5
	16	129.2	9.10	3876	3713	3599	3448	3233	2933	2564	2186	1848	1566	1336	1150	998.8	15.6	13.3
	18	144.2	9.04	4326	4142	4014	3842	3597	3256	2839	2415	2039	1727	1473	1267	1100	15.2	13.1
	20	159.0	8.97	4769	4564	4421	4228	3952	3569	3103	2635	2222	1880	1603	1379	1197	14.9	12.8
	22	173.5	8.91	5204	4978	4820	4606	4299	3872	3358	2845	2396	2026	1727	1485	1288	12.7	12.6
	24	187.7	8.84	5445	5211	5048	4828	4516	4078	3548	3013	2541	2150	1834	1577	1369	12.4	12.4
299	8	73.14	10.3	2194	2118	2066	2000	1912	1792	1634	1448	1258	1084	935.4	810.9	707.4	17.0	14.2
	9	82.00	10.3	2460	2374	2315	2241	2142	2006	1827	1617	1403	1209	1043	903.8	788.4	16.9	14.1
	10	90.79	10.2	2724	2628	2563	2480	2369	2218	2018	1784	1547	1332	1148	994.9	867.7	16.7	14.0
	12	108.2	10.2	3246	3131	3052	2952	2818	2634	2391	2109	1826	1571	1353	1172	1022	16.4	13.8
	14	125.4	10.1	3761	3626	3533	3416	3258	3040	2755	2424	2096	1801	1550	1342	1170	16.1	13.6
	16	142.3	10.0	4268	4113	4007	3872	3689	3438	3108	2730	2355	2022	1739	1505	1311	15.8	13.4
	18	158.9	9.96	4767	4593	4473	4320	4113	3826	3452	3025	2606	2235	1921	1662	1447	15.5	13.2
	20	175.3	9.89	5259	5065	4931	4760	4527	4205	3785	3310	2847	2439	2095	1812	1578	15.2	13.0
	22	191.5	9.82	5744	5529	5382	5192	4933	4574	4109	3586	3079	2635	2263	1955	1702	12.9	12.8
	24	207.4	9.76	6013	5792	5649	5445	5180	4814	4337	3796	3267	2799	2404	2080	1812	12.7	12.6

续表

外径 d (mm)	壁厚 t (mm)	截面面积 A (cm²)	回转半径 i (cm)	抗拉力设计值 N (kN)	标准尺寸轴心受压稳定时的承载力设计值 Nc (kN) 当计算长度 l_o (m) =												尺寸偏差引起 Nc 变化范围 (%)	
					2.5	3.5	4.5	5.5	6.5	7.5	8.5	9.5	10.5	11.5	12.5	13.5	增强	减弱
325	8	79.67	11.2	2390	2318	2268	2207	2130	2027	1891	1721	1531	1342	1171	1023	896.6	17.1	14.2
	9	89.35	11.2	2680	2599	2543	2474	2387	2271	2117	1924	1710	1499	1307	1141	1000	16.9	14.1
	10	98.96	11.1	2969	2878	2815	2739	2642	2512	2340	2125	1887	1653	1441	1257	1102	16.8	14.0
	12	118.0	11.1	3540	3431	3355	3264	3146	2988	2779	2520	2233	1953	1701	1484	1300	16.5	13.9
	14	136.8	11.0	4104	3976	3887	3780	3641	3456	3209	2904	2569	2244	1953	1702	1491	16.2	13.7
	16	155.3	10.9	4660	4513	4412	4288	4128	3914	3629	3278	2895	2526	2196	1913	1675	16.0	13.5
	18	173.6	10.9	5208	5042	4928	4789	4607	43634	4040	3642	3211	2798	2430	2116	1852	15.7	13.3
	20	191.6	10.8	5749	5564	5437	5281	5078	4805	4441	3996	3517	3061	2656	2312	2022	15.4	13.2
	22	209.4	10.7	6283	6079	5939	5766	5541	5237	4832	4340	3814	3314	2874	2500	2186	13.2	13.0
	24	227.0	10.7	6582	6371	6227	6049	5818	5508	5096	4590	4045	3522	3058	2662	2329	12.9	12.8

附表 7-2-6

外径 d (mm)	壁厚 t (mm)	截面面积 A (cm²)	回转半径 i (cm)	抗拉力设计值 N (kN)	标准尺寸轴心受压稳定时的承载力设计值 Nc (kN) 当计算长度 l_o (m) =													尺寸偏差引起 Nc 变化范围 (%)	
					3.0	4.0	5.0	6.0	7.0	8.0	9.0	10.0	11.0	12.0	13.0	14.0		增强	减弱
351	10	107.1	12.1	3214	3098	3033	2954	2855	2725	2556	2347	2111	1873	1651	1454	1285		16.9	14.1
	12	127.8	12.0	3834	3695	3616	3521	34001	3244	3039	2786	2502	2217	1953	1719	1518		16.6	13.9
	14	148.2	11.9	4447	4284	4192	4081	3939	3754	3512	3214	2883	2551	2245	1975	1743		16.4	13.8
	16	168.4	11.9	5052	4865	4760	4632	4467	4255	3976	3633	3253	2875	2528	2223	1961		16.1	13.6
	18	188.3	11.8	5649	5438	5320	5175	4990	4747	4430	4042	3614	3190	2802	2465	2171		15.9	13.5
	20	208.0	11.7	6239	6004	5872	5710	5503	5230	4875	4440	39634	3495	3067	2694	2375		15.6	13.3
	22	227.4	11.7	6822	6563	6417	6238	6008	5705	5310	4829	4304	3790	3324	2918	2571		13.3	13.1
	24	246.6	11.6	7150	6883	6732	6549	6314	6005	5602	5109	4566	4030	3539	3110	2742		13.1	13.0
377	10	115.3	13.0	3459	3348	3285	3212	3121	3007	2859	2674	2453	2215	1978	1759	1564		16.9	14.1
	12	137.6	12.9	4128	3995	3919	3830	3721	3583	3404	3179	2913	2626	2344	2082	1850		16.7	14.0
	14	159.7	12.8	4790	4633	4545	4441	4313	4150	3940	3675	3363	3028	2699	2396	2128		16.4	13.8
	16	181.5	12.8	5444	5265	5164	5044	4897	4709	4466	4161	3802	3419	3045	2701	2397		16.2	13.7
	18	203.0	12.7	6090	5888	5774	5640	5473	5259	4984	4637	4231	3800	3381	2997	2659		16.0	13.5
	20	224.3	12.6	6729	6504	6377	6227	6040	5801	5492	5104	4651	171	3707	3284	2912		15.8	13.4
	22	245.4	12.6	7361	7112	6973	6806	6600	6334	5991	5560	5060	4532	4024	3563	3157		13.5	13.2
	24	266.2	12.5	7719	7462	7318	7147	6937	6665	6315	5876	5362	4815	4283	3797	3368		13.3	13.1

续表

外径 d (mm)	壁厚 t (mm)	截面面积 A (cm²)	回转半径 i (cm)	抗拉力设计值 N (kN)	标准尺寸轴心受压稳定时的承载力设计值 Nc (kN) 当计算长度 l_0 (m) =												尺寸偏差引起 Nc变化范围 (%)	
					3.0	4.0	5.0	6.0	7.0	8.0	9.0	10.0	11.0	12.0	13.0	14.0	增强	减弱
402	10	123.2	13.7	3695	3588	3527	3457	3373	3270	3139	2975	2774	2545	2305	2071	1855	16.9	14.1
	12	147.0	13.8	4411	4282	4209	4125	4024	3899	3741	3542	3299	3023	2735	2455	2198	16.7	14.0
	14	170.7	13.7	5200	4969	4884	4785	4667	4520	4334	4099	3814	3491	3155	2830	2531	16.5	13.8
	16	194.0	13.7	5821	5649	5551	5438	5302	5132	4918	4647	4319	3948	3564	3194	2855	16.3	13.7
	18	217.2	13.6	6514	6320	6210	6082	5928	5737	5493	5186	4814	4395	3963	3549	3171	16.1	13.6
	20	240.0	13.5	7201	6984	6861	6719	6547	6332	6059	5715	5299	4832	4353	3895	3478	15.9	13.4
	22	262.6	13.5	7879	7640	7505	7348	7158	6920	6617	6235	5774	5259	4732	4231	3775	13.6	13.3
	24	285.0	13.4	8265	8019	7879	7718	7523	7280	6971	6583	6111	5581	5034	4508	4028	13.4	13.2
426	10	130.7	14.7	3921	3818	3758	3691	3613	3517	3399	3252	3071	2858	2623	2383	2152	16.9	14.1
	12	156.1	14.6	4682	4559	4487	4406	4312	4196	4054	3876	3656	3399	3116	2828	2553	16.7	13.9
	14	181.2	14.6	5436	5291	5208	5114	5002	4867	4700	4490	4232	3930	3599	3264	2943	16.5	13.8
	16	206.1	14.5	6183	6017	5921	5813	5685	5530	5337	5095	4798	4450	4072	3689	3325	16.3	13.7
	18	230.7	14.4	6922	6734	6627	6505	6360	6185	5966	5691	5354	4961	4535	4104	3696	16.1	13.6
	20	255.1	14.4	7653	7444	7325	7189	7028	6831	6586	6278	5901	5462	4986	4510	4057	16.0	13.5
	22	279.2	14.3	8377	8147	8015	7865	7687	7469	7197	6856	6438	5952	5428	4905	4411	13.6	13.4
	24	303.1	14.2	8790	8553	8417	8262	8079	7857	7580	7233	6807	6310	5769	5223	4705	13.5	13.2

续表

外径 d (mm)	壁厚 t (mm)	截面面积 A (cm²)	回转半径 i (cm)	抗拉力设计值 N (kN)	标准尺寸轴心受压稳定时的承载力设计值 N_c (kN) 当计算长度 l_0 (m) =												尺寸偏差引起 N_c 变化范围（%）	
					3.0	4.0	5.0	6.0	7.0	8.0	9.0	10.0	11.0	12.0	13.0	14.0	增强	减弱
450	10	138.2	15.6	4147	4048	3990	3925	3850	3761	3653	3521	3357	3162	2939	2700	2461	16.8	14.0
	12	165.1	15.5	4954	4835	4765	4687	4596	4489	4359	4198	4001	3764	3495	3209	2923	16.7	13.9
	14	191.8	15.4	5753	5613	5532	5441	5335	5209	5056	4867	4653	4357	4042	3707	3374	16.5	13.8
	16	218.2	15.4	6545	6385	6291	6187	6066	5921	5745	5528	5260	4940	4578	4195	3815	16.4	13.7
	18	244.3	15.3	7329	7148	7043	6925	6789	6625	6426	6179	5875	5513	5104	4673	4246	16.2	13.6
	20	270.2	15.2	8105	7904	7787	7656	7504	7321	7098	6822	6482	6076	5620	5140	4668	16.0	13.5
	22	295.8	15.2	8874	8653	8524	8379	8211	8009	7762	7455	7078	6629	6126	5598	5079	13.7	13.4
	24	321.2	15.1	9315	9086	8953	8804	8631	8424	8173	7861	7478	7020	6502	5956	5415	13.5	13.3

附表7-2-7

外径 d (mm)	壁厚 t (mm)	截面面积 A (cm²)	回转半径 i (cm)	抗拉力设计值 N (kN)	标准尺寸轴心受压稳定时的承载力设计值 N_c (kN) 当计算长度 l_0 (m) =													尺寸偏差引起 N_c 变化范围(%)	
					4.0	5.5	7.0	8.5	10.0	11.5	13.0	14.5	16.0	17.5	19.0	20.5		增强	减弱
465	10	142.9	16.1	4288	4134	4035	3912	3750	3531	3243	2899	2540	2205	1912	1664	1457		17.2	14.3
	12	170.8	16.0	5123	4938	4819	4671	4475	4210	3862	3447	3017	2617	2268	1974	1727		17.0	14.2
	14	198.3	16.0	5951	5734	5595	5421	5191	4880	4470	3985	3484	3020	2616	2275	1991		16.8	14.1
	16	225.7	15.9	6771	6522	6363	6164	5899	5540	5069	4513	3941	3413	2955	2570	2247		16.7	14.0
	18	252.8	15.8	7583	7303	7123	6898	6599	6192	5658	5031	4388	3797	3286	2857	2498		16.5	13.8
	20	279.6	15.8	8388	8076	7876	7624	7290	6834	6237	5538	4825	4172	3609	3136	2742		16.3	13.7
	22	306.2	15.7	9185	8841	8621	8343	7972	7467	6806	6035	5252	4538	3924	3409	2980		13.9	13.6
	24	332.5	15.6	9643	9288	9061	8776	8398	7884	7211	6416	5601	4849	4198	3650	3192		13.8	13.5
480	10	147.7	16.6	4430	4278	4181	4062	3908	3701	3429	3096	2737	2391	2082	1817	1593		17.3	14.3
	12	176.4	16.6	5293	5111	4994	4851	4664	4415	4086	3684	3253	2839	2471	2156	1890		17.1	14.2
	14	205.0	16.5	6149	5936	5799	5632	5413	5119	4732	4262	3759	3278	2852	2487	2180		16.9	14.1
	16	233.2	16.4	6997	6753	6597	6404	6153	5815	5369	4830	4254	3707	3223	2810	2462		16.7	14.0
	18	261.3	16.4	7838	7563	7387	7169	6884	6501	5996	5387	4740	4127	3586	3125	2738		16.5	13.9
	20	289.0	16.3	8671	8364	8168	7926	7607	7179	6614	5934	5215	4537	3941	3433	3007		16.3	13.7
	22	316.6	16.2	9496	9159	8943	8674	8322	7847	72212	6471	5681	4938	4287	3733	3269		14.0	13.6
	24	343.8	16.1	9971	9622	9400	9124	8765	8282	7644	6875	6055	5275	4586	3998	3502		13.8	13.5

续表

外径 d (mm)	壁厚 t (mm)	截面面积 A (cm²)	回转半径 i (cm)	抗拉力设计值 N (kN)	当计算长度 l_0 (m) = 标准尺寸轴心受压稳定时的承载力设计值 Nc (kN)												尺寸偏差引起 Nc 变化范围 (%)	
					4.0	5.5	7.0	8.5	10.0	11.5	13.0	14.5	16.0	17.5	19.0	20.5	增强	减弱
500	10	153.9	17.3	4618	4470	4376	4261	4116	3924	3671	3356	3001	2646	2318	2032	1786	17.3	14.3
	12	184.0	17.23	5519	5341	5227	5090	4914	4682	4377	3997	3570	3144	2753	2412	2120	17.1	14.2
	14	213.8	17.2	6413	6205	6071	5910	5704	5432	5073	4627	4129	3633	3179	2784	2446	16.9	14.1
	16	243.3	17.1	7299	7060	6908	6723	6486	6173	5760	5247	4677	4111	3596	3147	2765	16.7	14.0
	18	272.6	17.1	8177	7908	7737	7528	7260	6905	6437	5857	5215	4580	4004	3503	3076	16.6	13.9
	20	301.6	17.0	9048	8749	8557	8324	8025	7628	7105	6457	5742	5039	4402	3850	3381	16.4	13.8
	22	330.4	16.9	9911	9581	9371	9113	8783	8343	7763	7047	6260	5489	4792	4189	3677	14.0	13.7
	24	358.9	16.9	10408	10068	9851	9586	9249	8802	8212	7481	6667	5860	5126	4486	3941	13.9	13.5
530	10	163.4	18.4	4901	4758	4666	4557	4423	4249	4023	3736	3398	30378	2690	2374	2097	17.3	14.3
	12	195.3	18.3	5859	5687	5576	5445	5283	5073	4800	4454	4046	3614	3198	2821	2491	17.1	14.2
	14	227.0	18.3	6809	6608	6478	6325	6135	5889	5568	5161	4684	4180	3696	3259	2877	16.9	14.1
	16	258.4	18.2	7751	7521	7373	7197	6979	6696	6327	5859	5312	4736	4184	3687	3255	16.8	14.0
	18	289.5	18.1	8686	8427	8260	8062	7815	7495	7077	6547	5929	5281	4663	4107	3624	16.6	13.9
	20	320.4	18.1	9613	9325	9139	8918	8642	8285	7817	7225	6536	5817	5132	4519	3986	16.4	13.8
	22	351.1	18.0	10533	10215	10010	9767	9462	9067	8548	7893	6342	5592	4921	4339		14.1	13.7
	24	381.5	17.9	11064	10736	10525	10275	9963	9560	9034	8367	7587	6765	5978	5268	4650	13.9	13.6

续表

外径 d (mm)	壁厚 t (mm)	截面面积 A (cm²)	回转半径 i (cm)	抗拉力设计值 N (kN)	标准尺寸轴心受压稳定时的承载力设计值 Nc (kN) 当计算长度 l_0 (m) =												尺寸偏差引起 Nc 变化范围 (%)	
					4.0	5.5	7.0	8.5	10.0	11.5	13.0	14.5	16.0	17.5	19.0	20.5	增强	减弱
550	10	169.7	19.1	5089	4950	4859	4754	4625	4462	4251	398	3659	3303	2946	2614	2318	17.3	14.3
	12	202.8	19.0	6085	5917	5808	5681	5526	5329	5074	4750	4360	3932	3505	3108	2755	17.1	14.2
	14	235.8	19.0	7072	6876	6749	6600	6418	6187	5888	5508	5050	4550	4053	3592	3183	17.0	14.1
	16	268.4	18.9	8053	7826	7682	7512	7303	7038	6694	6256	5731	5159	4591	4067	3603	16.8	14.0
	18	300.8	18.8	9025	8772	8608	8416	8180	7879	7490	6994	6401	5757	5120	4533	4014	16.6	13.9
	20	333.0	18.8	9990	9708	9526	9312	9049	8713	8277	7723	7061	6344	5639	4990	4417	16.5	13.8
	22	364.9	18.7	10948	10637	10436	10200	9909	9538	9056	8442	7711	6922	6147	5437	4811	14.1	13.7
	24	396.6	18.6	11501	11181	10973	10731	10433	10055	9565	8942	8194	7378	6568	5819	5155	14.0	13.6

附表 7—2—8

标准尺寸轴心受压稳定时的承载力设计值 N_c（kN）

外径 d (mm)	壁厚 t (mm)	截面面积 A (cm²)	回转半径 i (cm)	抗拉力设计值 N (kN)	当计算长度 l_0 (m) =												尺寸偏差引起 N_c 变化范围 (%)	
					5.0	7.5	9.0	11.0	13.0	15.0	17.0	19.0	21.0	23.0	25.0	27.0	增强	减弱
560	10	172.8	19.5	5184	4987	4852	4677	4437	4103	3672.8	3195	2737	2339	2006	1733	1508	17.4	14.4
	12	206.6	19.4	6198	5961	5799	5588	5298	4895	4376.4	3802	3255	2780	2384	2059	1791	17.3	14.3
	14	240.1	19.3	7204	6928	6738	6491	6150	5678	5069.6	4400	3763	3213	2754	2378	2069	17.1	14.2
	16	273.4	19.2	8203	7887	7669	7385	6994	6450	5752.6	4987	4263	3637	3117	2690	2340	17.0	14.1
	18	306.5	19.2	9195	8838	8592	8272	7830	7214	6425.2	5564	4752	4052	3472	2996	2606	16.8	14.0
	20	339.3	19.1	10179	9782	9508	9151	8656	7967	7087.7	6130	5232	4460	3820	3296	2866	16.6	13.9
	22	371.8	19.0	11155	10718	10416	10021	9474	8711	7739.8	6687	5703	4859	4160	3589	3121	14.2	13.8
	24	404.1	19.0	11720	11269	10958	10554	9998	9224	8229.7	7137	6103	5208	4464	3853	3352	14.1	13.7
600	10	185.4	20.9	5561	5372	5242	5080	4865	4573	4186	3724	3247	2806	2424	2104	1837	17.5	14.5
	12	221.7	20.8	6650	6423	6267	6072	5813	5460	4993	4438	3865	3338	2883	2501	2183	17.3	14.4
	14	257.7	20.7	7732	7467	7284	7056	6753	6338	5790	5140	4474	3861	3334	2892	2523	17.2	14.3
	16	293.6	20.7	8807	8503	8294	8032	7684	7207	6577	5833	5072	4375	3776	3274	2857	17.0	14.2
	18	329.1	20.6	9873	9531	9296	9000	8606	8066	7354	6515	5660	4880	4210	3650	3184	16.9	14.1
	20	364.4	20.5	10933	10551	10290	9960	9520	8917	8121	7187	6238	5375	4636	4018	3505	16.7	14.0
	22	399.5	20.5	11985	11564	11276	10912	10426	9758	8878	7849	6807	5863	5054	4379	3819	14.3	13.9
	24	434.3	20.4	12595	12161	11864	11491	10996	10319	9424	8364	7277	6280	5421	4702	4103	14.2	13.8

续表

外径 d (mm)	壁厚 t (mm)	截面面积 A (cm²)	回转半径 i (cm)	抗拉力设计值 N (kN)	标准尺寸轴心受压稳定时的承载力设计值 Nc (kN) 当计算长度 l_0 (m) =												尺寸偏差引起 Nc 变化范围 (%)	
					5.0	7.5	9.0	11.0	13.0	15.0	17.0	19.0	21.0	23.0	25.0	27.0	增强	减弱
630	10	194.8	21.9	5843	5960	5534	5379	5180	4913	4557	4119	3640	3177	2763	2407	2108	17.5	14.5
	12	233.0	21.9	6989	6769	6617	6431	6191	5868	5440	4912	4337	3782	3288	2864	2507	17.3	14.4
	14	270.9	21.8	8128	7870	7693	7475	7194	6815	6312	5694	5023	4378	3804	3312	2899	17.2	14.3
	16	308.6	21.7	9259	8964	8761	8512	8188	7753	7175	6466	5699	4964	4311	3753	3284	17.1	14.2
	18	346.1	21.7	10382	10049	9821	9540	9174	8682	8029	7228	6365	5540	4809	4186	3662	16.9	14.1
	20	383.3	21.6	11498	11128	10873	10560	10152	9602	8872	7979	7020	6107	5299	4610	4032	16.8	14.0
	22	420.2	21.5	12607	12198	11918	11572	11122	10514	9706	8720	7666	6664	5780	5028	4396	14.4	13.9
	24	456.9	21.4	13251	12830	12541	12186	11727	11109	10289	9280	8187	7135	6199	5398	4724	14.2	13.8

参考文献

［1］张相庭．结构风工程〔M〕．北京：中国建筑工业出版社，2006.6.

［2］北京工业建筑设计院．塔桅钢结构设计〔M〕．北京：中国建筑工业出版社，1972.

［3］乐俊旺．工程设计技术（天线塔桅）〔M〕．北京：国防工业出版社，1996.

［4］王肇民，等．桅杆结构〔M〕．北京：科学出版社，2001.

［5］乐俊旺．三方纤绳桅杆最大位移的作用风向〔J〕．空间结构．Vol.10，No.1，P.24-26.2004.

［6］乐俊旺．塔桅结构概念设计〔R〕．全国高耸构筑物技术应用交流研讨会论文集，P.3~21.建设部信息中心，2006.

［7］乐俊旺．塔桅构筑物设计与混沌现象〔J〕．特种结构．Vol.25，No.2，P.57-59.2008.

［8］乐俊旺．拉线式桅杆事故分析及处理〔C〕．北京：第十二届空间结构学术会议论文集，2008.

［9］建研究院结构所．桅杆结构的矩阵位移法计算〔CP〕．北京：中国建筑科学研究院，1975.

［10］乐俊旺．四川5.12地震楼顶钢塔破坏浅析〔J〕．特种结构．Vol.27，No.3，P.26-28.2010.

［11］乐俊旺．钢筋混凝土塔设计与施工中的几个问题〔J〕．建筑技术．1985.第3期（总第135期）．P.2-5.

［12］乐俊旺．塔桅结构安全评估及事故处理〔G〕．北京：中广电广播电影电视设计研究院，2008.

［13］Moon，F.C.Chaotic Vibrations〔R〕．Wiley，New York，1987.

［14］ F. Leonhardt. Design of Modern Television Tower ［G］. Proceedings of The Institution of Engineers, Vol. 46, 1970. 7.

［15］ Li Ruihua, Cai Yiyan. Design and Construction of Steel Towers and Masters in China ［J］. Building in China, Vol. 3, No. 1, P. 16-26. 1990.

［16］ Le Junwang. Calculation on Member Internal Force of Cross Flexible Diagonal Rod Tower under Wind Load ［G］. Proceedings of 2nd International Conference on Multi-purpose High-rise Towers & tall Buildings, P. 153-158. Singapore, 1996.